밭일 1시간, 낮잠 2시간

느긋하게, 천천히, 조금씩!
통나무집 노부부의 즐거운 슬로라이프!

츠바타 히데코·츠바타 슈이치 지음 | 김수정 옮김

WILLSTYLE

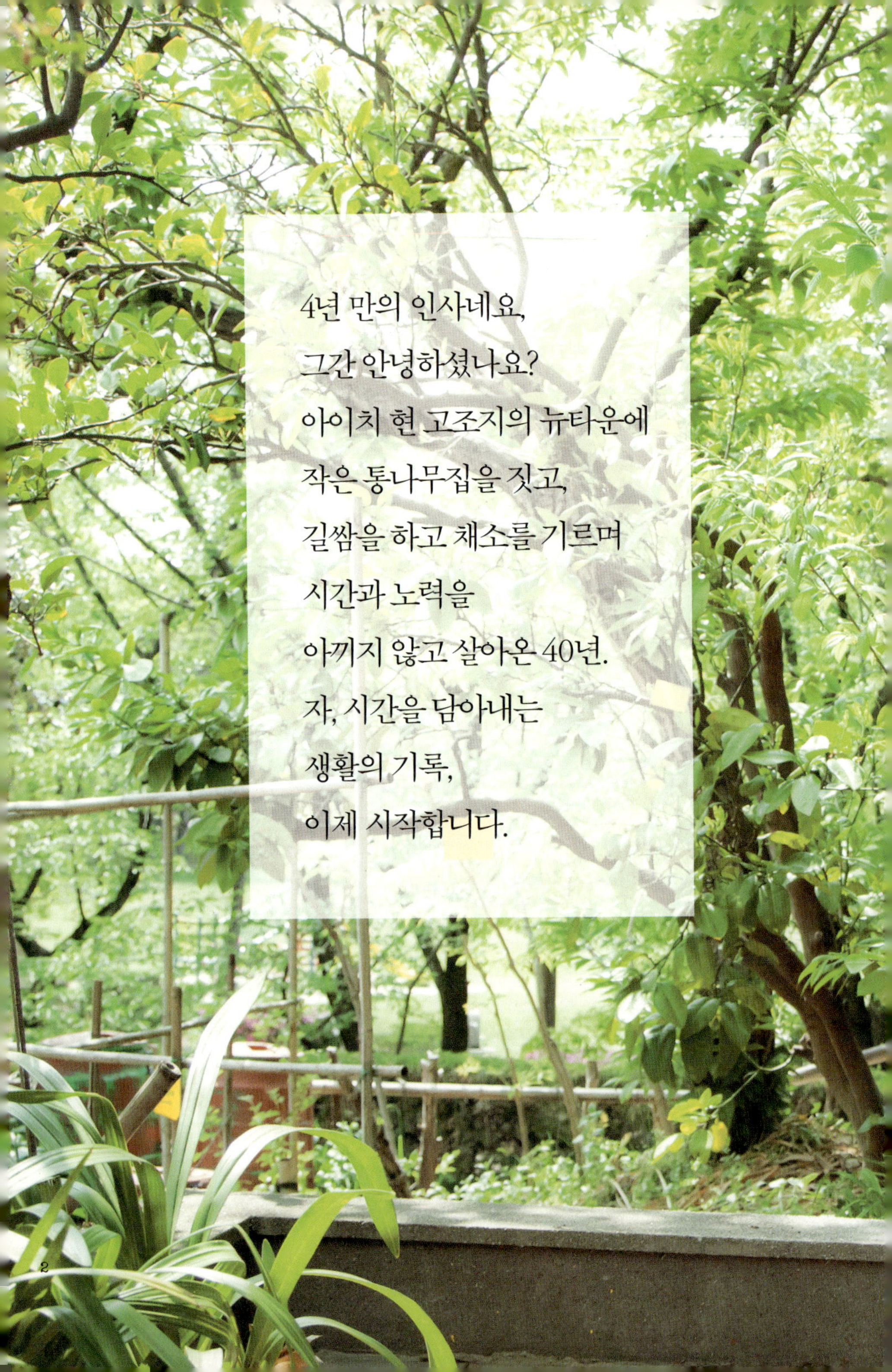
4년 만의 인사네요,
그간 안녕하셨나요?
아이치 현 고조지의 뉴타운에
작은 통나무집을 짓고,
길쌈을 하고 채소를 기르며
시간과 노력을
아끼지 않고 살아온 40년.
자, 시간을 담아내는
생활의 기록,
이제 시작합니다.

히데코 씨
Hideko Tsubata

1928.1.18 출생

○ 형

지금까지의 인생

아이치 현 한다의 전통 있는 양조장 집 딸로 태어나 웬만한 일은 전부 가정부가 해주는 환경에서 자랐습니다. 몸이 약해서 어머니가 직접 만든 요리만 먹으며 성장했습니다. 10대 때 부모님이 돌아가시고 28세에 결혼하여 딸 2명을 낳았습니다.

못하는 것

자신이 덜렁이라고 인정하는 히데코 할머니. 재료를 정확하게 개량해서 요리하는 것도, 사용한 정원 도구를 제자리에 정리하는 것도 서툴다고 합니다. 외식도, 직장 일도 잘하지 못하니 결혼해서 집안일에만 전념할 수 있었던 것이 정말 다행이었다고 말합니다.

좋아하는 것

텃밭 가꾸기, 요리, 뜨개질, 길쌈 등. 수고와 시간이 필요한 손을 움직이는 일 대부분. 자신이 먹는 것보다 가족이나 손님이 맛있게 먹는 모습 보는 것을 즐거워합니다. 양조장에서 자라며 오래되고 기품있는 물건에 둘러싸여 지냈기 때문인지 그릇을 좋아합니다. 일본 그릇이든 서양 그릇이든 가리지 않고 관심이 많습니다.

슈이치 씨
Shuichi Tsubata

1925.1.3 출생

B 형

지금까지의 인생

도쿄대학 제1공학부를 졸업한 후 건축설계사무소를 거쳐 일본주택공단에서 근무. 지금 살고 있는 고조지 뉴타운 등을 시작으로 주택지 조성을 담당했습니다. 그 후 히로시마대학 교수 등을 역임. 퇴임 후에는 평론가로 활약하고 있습니다.

못하는 것

"뭐든지 즐겁게"가 모토인 슈이치 할아버지는 슬픈 이야기나 사건은 질색. 신혼 시절, 히데코 할머니에게 "생활비가 모자라요"라는 말을 듣고 몇 날 며칠을 어두운 얼굴로 지냈을 정도. 싫어하는 음식은 닭고기, 생선, 외식. 가장 질색하는 일은 병원에 다니는 것.

좋아하는 것

할아버지 인생에 빠질 수 없는 것은 요트. 결혼 후 돈에 여유가 없을 때도 요트에만은 돈을 썼습니다. 지금까지 5번의 조난을 당했지만 무사 귀환. 89세 때 염원이었던 타히티 크루즈여행을 실현하면서 옛 요트 친구와 재회의 기쁨을 누렸습니다.

햇빛이 바로 비쳐 눈이 부셨던 농기구 창고에 차양을 달았습니다. 요트에서 배워둔 로프워크(새끼줄 매듭)는 일상에도 많은 도움이 됩니다.

농기구 창고에 차양을 설치

텃밭 한쪽에 둔 통에 음식물쓰레기, 잡초, 나뭇잎 등을 계속 모아 퇴비를 만들고 있습니다. 요 몇 년 동안 "소금을 뺀 식사"로 정신이 없어 밭에 소홀했습니다. 결과적으로 퇴비량이 약간 감소했어요.

퇴비도

4년만의 츠바타하우스,
조금 변했습니다

크게 바뀐 것은 없지만 매일매일 생활이 원활해지도록 조금씩 개량을 진행하고 있습니다.

편지가 커뮤니티의 중요한 역할을 담당하는 츠바타하우스는 우편물의 양이 많기 때문에 우편함 사이즈를 늘렸습니다. 또 더운 여름에도 밭일을 하기 쉽도록 차양을 달았어요.

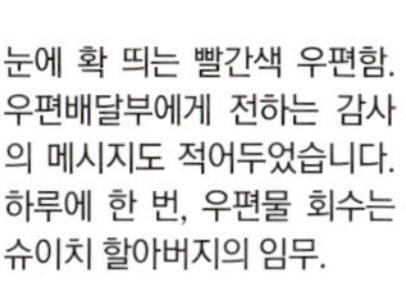

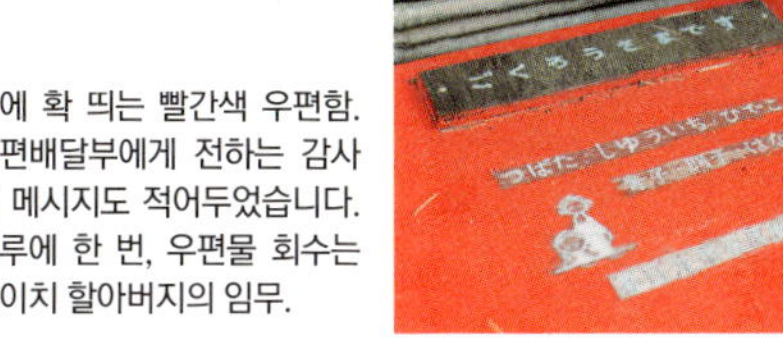

눈에 확 띄는 빨간색 우편함.
우편배달부에게 전하는 감사
의 메시지도 적어두었습니다.
하루에 한 번, 우편물 회수는
슈이치 할아버지의 임무.

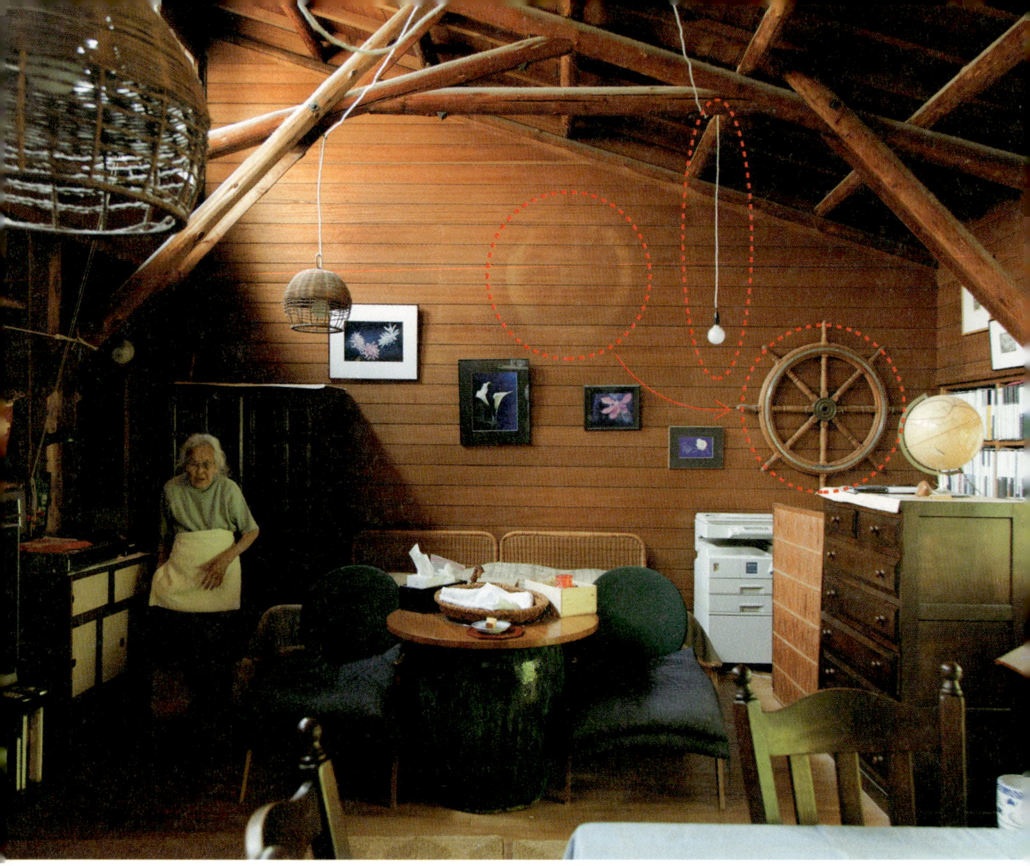

조명이
늘었습니다.

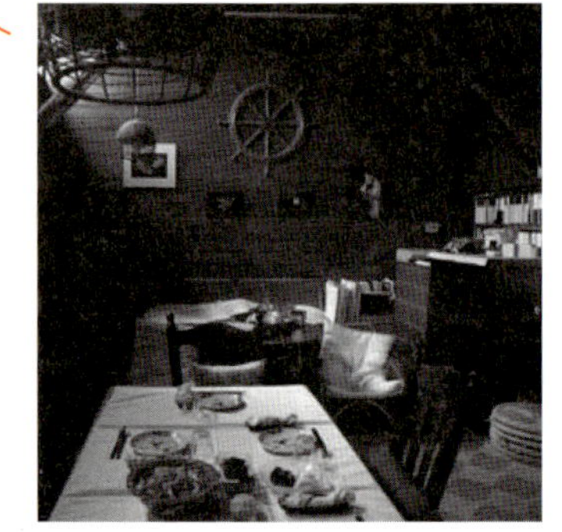

집안도 변했어요

코드를 연장하고 알전구를 늘어뜨려 거실 조명을 하나 더 설치했습니다. 슈이치 할아버지의 일명 콕피트(조종실)인 서재를 부드럽게 밝히는 작은 불빛입니다.
냉동고가 늘어서 히데코 할머니의 냉동저장 요리가 더욱더 충실해졌습니다. 서랍 타입이

슈이치 할아버지가 직접 만든 액자를 식기장 위에 달아 장식. 그때의 기분과 계절에 따라 바꿔서 달고 있어요.

라 사용하기 편한 것이 가장 마음에 듭니다.

그 외에도 테이블 배치를 바꾸거나 요트 조타기 장식의 위치를 약간씩 바꿔 달며 기분전환을 하고 있습니다.

하지만 부엌은 그대로랍니다

급탕기가 없어 뜨거운 물이 나오지 않는 것도, 공간이 적어 날개가 꺾인 환풍기를 달고 창문을 열어 환기해야만 하는 것도 변함없습니다.
2구밖에 없는 가스레인지도, 100도로 표시되지만 사실은 180도로 구워지는 오븐도 건재. 좁은 공간에서 맛있는 냄새가 나고, 끊임없이 맛있는 음식이 완성되는 모습도 이제껏 해왔던 그대로랍니다.

환풍기도

가스레인지도

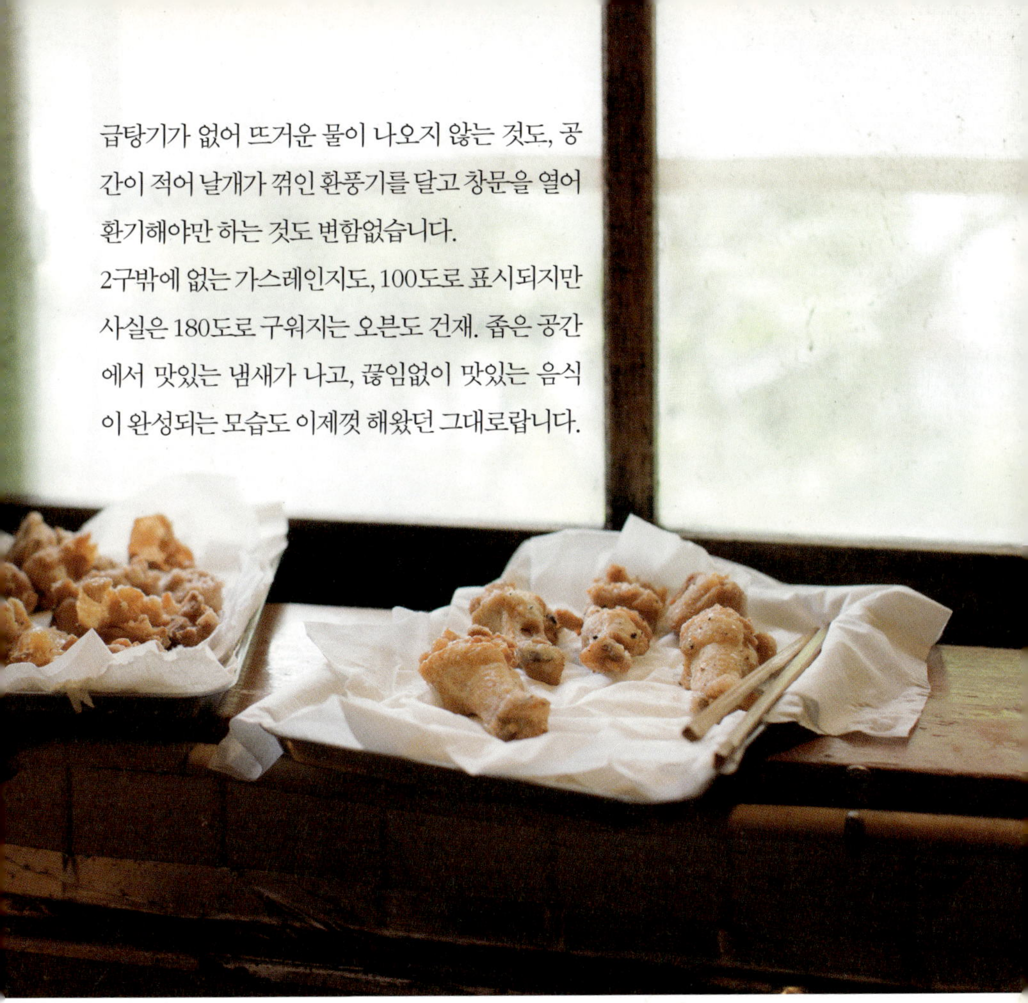

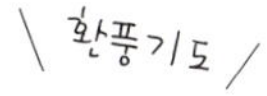

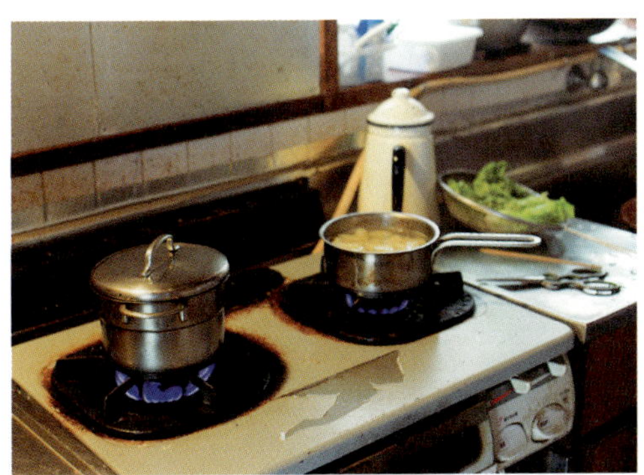

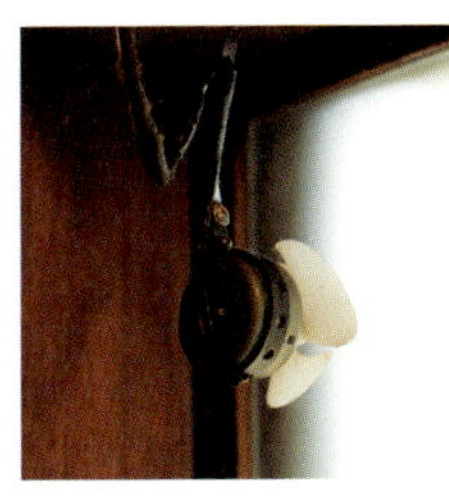

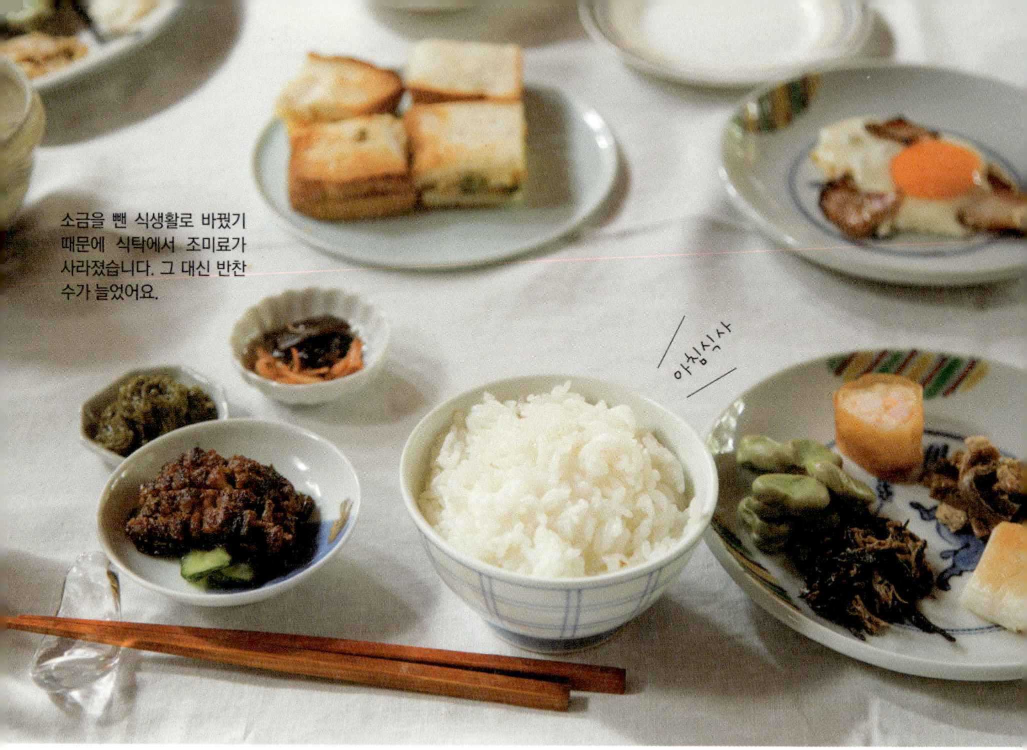

소금을 뺀 식생활로 바꿨기 때문에 식탁에서 조미료가 사라졌습니다. 그 대신 반찬 수가 늘었어요.

"파는 양배추는 질겨서 주스를 만들기 어려워요. 그래서 우리 텃밭에서 부드러운 잎을 골라 따오지요."

아침에 마시는 주스도

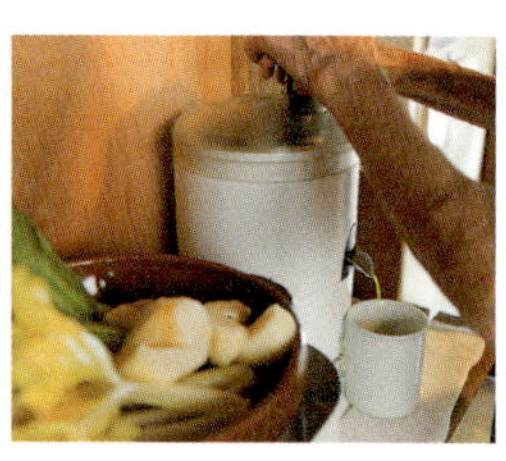

매일 매일 하는 일도 변함없습니다

최근 4년 사이에 슈이치 할아버지가 입원을 했습니다. 나이와 함께 몸도 조금씩 소모되어 가는 것 같아요. 그래서 생활의 리듬은 그대로지만 식사의 내용이 조금 바뀌었습니다.

그래도 히데코 할머니는 매일 세끼 식사를 만들고 밭일을 하고, 슈이치 할아버지는 서재에서 글을 쓰고 기록하는 작업을 합니다. 각각의 장소에서 각자의 즐거움을 발견하면서 매일을 보내고 있답니다.

세탁도

히데코 할머니 대신 세탁기를 돌리는 것도, 세탁물을 널고 또 마르면 개는 것도 슈이치 할아버지의 임무. 이것도 매일매일 하는 변하지 않는 일 중 하나입니다.

손 뜨개 작업도

요즘도 시간이 날 때마다 길쌈한 실로 양말을 뜬답니다.

직접 만드는 간식도

오늘은 딸인 론짱이 직접 만든 미나즈키(떡)를 간식으로 먹어요. 소박한 맛과 부드러운 단맛이 나는 일본 전통음식. 결명자차도 함께 곁들입니다.

슈이치 할아버지 서재도

받은 편지에 답장을 쓰거나 자료를 정리하지요. 여기에 앉으면 하고 싶은 일이 점점 더 늘어서 시간이 금세 지나가 버립니다.

아침에 일어나면
푸성귀를 딴 다음,
주스를 만들어
아침식사.
10시엔 간식,
점심식사를 마치면
낮잠시간입니다.
저녁을 맛있게 먹고
일찍 잠자리에 듭니다.
사이사이엔
뜨개질을 하거나
저장식 등을 만들고요.

차 례

내일로 이어지는 식사

식탁 한가운데에는 고기와 채소, 오코노미야키(일본식 빈대떡)를 굽는 석쇠를 세팅. "모두 모여서 떠들썩하게 먹으면 더 맛있지 않아요?"라고 하시는 히데코 할머니.

떡국 건더기

매일 바꿔가면서 육수에 닭고기 경단, 정어리 경단, 새우 & 조개관자 경단 등을 넣고 끓입니다. 대파, 양배추, 콩나물, 표고버섯, 잎새버섯이나 송이버섯을 살짝 데쳐서 국물에 넣습니다. "소금을 뺀 식생활을 하다 보니 된장국을 못 먹잖아요. 그래서 채소를 듬뿍 먹기 위해서라도 점심엔 떡국을 먹어요. 남편이 떡을 좋아하기도 하고요. 여러 가지 재료가 입 안에서 조금씩 섞이면서 깊은 맛을 내니까 싱거워도 맛있게 먹을 수 있답니다."

몸에서 염분을 빼낸다

2년 전, 몸 상태가 나빠진 슈이치 할아버지가 입원을 한 일이 있습니다. 그 후, 츠바타하우스의 식생활은 이제까지와 완전히 달라졌습니다.

"의사가 간이 안 좋다고 했어요. 하긴 이 나이까지 끊임없이 사용해온 몸이니까 지칠 만도 하다고 생각했어요. 그래서 이제까지와는 달리 염분을 뺀 식생활을 시작했지요. 병원 의사선생님도 젊을 때부터 싱겁게 먹는 게 좋다고 하셨거든요. 이제까지는 조미료와 설탕, 소금의 자극적인 맛에 길들어서 진짜 맛을 몰랐던 것 같아요. 소금을 뺀 덕분에 이젠 원래 그 재료의 참맛을 알게 되었어요. 혀가 민감해졌기 때문이겠지요."

슈이치 할아버지가 퇴원한 후 조금씩 소금을 줄여나가기 시작한 히데코 할머니.

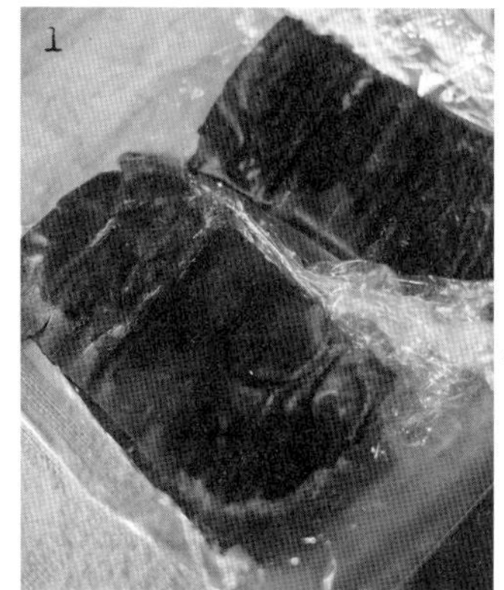

"홋카이도 리시리 산 다시마는 좀 고급상품이죠. 평소 육수용으로는 라우스 산 다시마를 자주 사용합니다."

그러다가 통원 치료를 계속하는 동안 소금을 줄이면 다른 어떤 병도 좋아진다는 병원 의사선생님의 조언을 들은 후, 큰맘 먹고 소금을 철저하게 뺀 생활을 하게 되었습니다. "이제부터는 몸에서 소금을 빼내야만 한다는 생각으로 소금을 거의 넣지 않고 여러 가지 요리를 시도해보았어요. 요리책도 참고해가면서 말이야. 처음에는 너무 싱거워서 남편이 적당히 좀 하라고 할 줄 알았답니다(웃음). 그런데 내가 만든 메뉴를 정말 잘 먹어줬어요. 참 다행이었지요."

소금을 줄이니 단맛에도 민감해졌는지, 최근에는 밖에서 파는 것은 너무 자극이 심해서 먹을 수 없게 되었다는 히데코 할머니.

매일 먹는 요리를 만들 때 가장 큰 변화는 일단 육수를 진하게 내게 된 것. 일주일에 한 번 가다랑어포, 다시마, 말린 조개관자, 새우 등 좋은 것을 골라 몇 종류의 육수를 듬뿍 만들어 떨어지지 않게 냉장고에 보관해

소고기 곤부지메

곤부지메(일본 전통 저온숙성 다시마절임)용 넓적한 다시마로 소고기를 싸서 냉동해둡니다. "후쿠이 사람은 곤약으로도 곤부지메를 해 먹는다는 말을 듣고 그럼 고기로도 할 수 있지 않을까 하는 생각이 들었어요. 그래서 만들어봤더니 고기에 다시마의 풍미가 배어들어서 소금을 안 뿌려도 맛있게 먹을 수 있더라고요. 먹기 전날 냉장고로 옮겨서 해동한 다음 석쇠에 구워서 먹습니다. 고기와 함께 채소도 구워가면서 천천히 천천히 먹습니다. 사용한 다시마는 육수를 낼 때 재이용하기도 합니다."

둡니다. 이렇게 해두면 매일 먹는 떡국과 찌개, 밑반찬을 금방 만들 수 있습니다.

소금을 안 넣어도 말린 조개관자나 멸치 등에는 약간의 염분이 함유되어 있습니다. 그래서 요리에는 육수를 충분히 사용하고 그 이외의 염분을 가능한 한 넣지 않습니다. 이런 시간과 노력을 즐기는 것 또한 히데코 할머니의 매일의 즐거움입니다.

그 외에도 소금을 뺀 식사를 즐길 수 있는 아이디어가 있습니다. 식탁 장식을 더 자주 바꿔주는 것이지요. 원래 그릇을 무척 좋아했던 히데코 할머니. 식탁보를 바꾸거나 큰 접시와 작은 접시를 센스 있게 조합하거나 접시의 무늬를 즐길 수 있도록 식탁을 꾸밉니다. 음식을 예쁘게 담는 방법에도 더욱 신경을 쓰게 되었어요.

육수용 다시마로 만든 츠쿠타니

"츠쿠타니(간장, 미림, 설탕 등으로 달고 매콤하게 조린 식품)는 만드는 데 꼬박 1주일 정도 걸려요. 하지만 전 늘 주방에 있으니까요. 하루에 한 번 끓인 다음 불을 끄기만 하면 된답니다. 계속 매달려있는 게 아니니까 그렇게 힘들진 않아요. 소분해서 냉동해두었다가 남편상에 올리죠. 육수와 조개관자의 감칠맛 덕분에 제법 맛있게 먹을 수 있어요." 전자레인지가 없는 츠바타하우스. 해동은 오븐토스터에서 합니다.

육수가 중요

"소금을 뺀 생활을 하게 되면서 어떻게 하면 소금 없이도 음식을 맛있게 먹을 수 있을까 곰곰이 생각해보았어요. 역시 육수를 확실하게 내는 것이 가장 중요하다는 결론을 얻었지요."

그 이후, 할머니의 왕성한 도전이 시작되었습니다. 다시마, 가다랑어포, 말린 조개관자에 새우 머리 등 강한 감칠맛을 내는 소재를 하나하나 넣고 맛을 확인했습니다. 할아버지도 생산자를 알 수 있는 재료가 안심할 수 있어 좋다고 했기 때문에 전국 각지에서 믿을 만한 것들을 주문해서 지금의 재료에 도달했습니다.

일본식 떡국인 오조니와 조림에 사용하는 기본 육수, 그것을 베이스로 한 맛내기용 육수와 가장 감칠맛이 나는 수프 같은 육수. 주로 이 3종류의 육수를 만들어두고 각각의 요리마다 필요한 것을 골라 사용

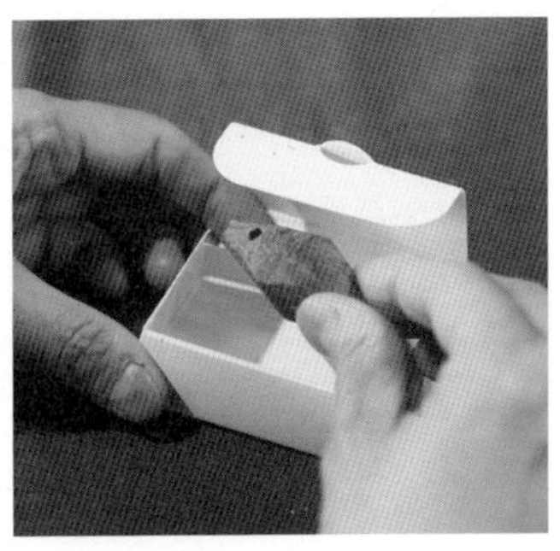

육수의 이모저모

위) 혼카레부시(오랜 기간 숙성시켜 만든 가다랑어포)를 깎는 것은 슈이치 할아버지 담당. 더 이상 깎을 수 없을 정도로 깎인 가츠오부시는 마치 보석 같습니다. 귀여운 빈 초콜릿 통에 수집합니다.
좌) 다시마, 가다랑어포, 말린 조개관자 등 강한 감칠맛을 내는 재료를 여러 가지 사용하면 재료 고유의 맛이 살아나 혀의 본래 감각을 키우는 데 도움이 됩니다.

하고 있습니다. 어느 것이나 육수의 감칠맛이 재료에 잘 배어들어 소금이 없이도 충분히 맛있게 먹을 수 있습니다.

"이제 싱거운 맛에 익숙해져서 재료 자체가 맛있게 느껴지니 참 다행이지요. 병원 선생님도 상태가 좋아지고 있다고 놀라셨어요. 보통은 현상유지가 기껏인데 말이에요."

가족의 건강은 늘 본인이 만든 음식으로 지켜왔다는 히데코 할머니.

"소금을 뺀 생활도 일단 뭐든지 해보면 조금은 좋아지지 않겠냐는 생각으로 열심히 시도해봤는데, 노력한 보람이 있었어요. 정말 다행이죠. 역시 하늘은 스스로 돕는 자를 돕는다는 말이 맞는 것 같아요."

소금을 뺀 생활을 지탱해주는 소중한 육수는 지금은 히데코 할머니가 만드는 요리의 커다란 기둥입니다.

[히데코 할머니의 육수]

슈이치 할아버지가 점심에 먹는 떡국과 풍미가 중요한 조림 등에는 이 육수를 사용합니다. 다시마와 가다랑어포로 정성껏 낸 육수는 재료의 맛을 살려주고 무와 죽순, 머위와 같은 제철 채소에 풍성한 깊은 맛을 더해줍니다.

날치육수(아고다시)나 어묵탕 육수의 원료가 되기도 하는 히데코 할머니 요리의 기본육수.

뚝배기에 듬뿍 물을 채우고 라우스 산 다시마를 넣은 다음 한나절에서 하루 정도 담가 둡니다. 중~약불에 올려 물이 줄어들기 시작하면 보충하기를 반복하며 1시간 정도 끓인 후 가다랑어포를 두 줌 정도 넣고 끓어오르면 불을 끕니다. 다시마를 꺼내고 가다랑어포를 걸러내면 완성. 한 번에 많이 만들어두고 일주일 안에 모두 사용합니다.

완성된 육수는 병에 담고 식혀서 냉장고에 보관. "생각났을 때 언제든지 사용할 수 있도록 떨어지지 않게 늘 챙겨둔답니다."

다시마나 가다랑어포에 말린 조개관자나 새우를 넣으면 깊은 맛의 육수를 내는 데 큰 도움이 됩니다.

[날치육수]

무조림 등은 '히데코 할머니의 육수'에 이 날치육수를 1~2큰술 정도 넣고 끓인 다음 맛을 봅니다. 살짝 간이 배었으면 OK. "우린 충분히 맛있다고 느끼지만 평소 진한 맛에 길들어 있는 분들에게는 분명 싱겁게 느껴질 거예요. 취향대로 간을 하면 된답니다."

시판용 날치육수(127쪽)에 청주 또는 맛술을 각 50cc를 섞어서 '히데코 할머니의 육수' 600cc에 넣은 다음, 한 번 끓여서 식힙니다.

[어묵탕 육수]

여럿이 모였을 때는 역시 둘러앉아 먹는 어묵탕. 달걀과 우엉말이 등을 넣기 때문에 평소에 먹는 찌개보다 더 감칠맛이 나는 육수가 잘 어울립니다. 말린 조개관자, 뼈가 붙어 있는 닭고기, 새우 머리 등으로 진한 육수를 만듭니다. "육수와 물에는 그만큼 비용이 들어가요. 하지만 육수 덕분에 소금을 안 써도 맛있게 먹을 수 있어 혀의 감각이 정말 좋아졌어요. 저나 남편 모두가요."

새우 머리, 뼈가 붙어 있는 닭고기 3~4조각, 말린 조개관자 5개, 새우, '히데코 할머니의 육수'를 뚝배기에 넣고 천천히 보글보글 끓입니다. 끓어 올랐으면 가다랑어포를 넣고 불을 끕니다. 새우 머리, 조개관자에서 거품이 올라오므로 그때마다 걷어냅니다.

뚝배기에서 천천히 끓여내는 어묵탕. 육수의 감칠맛과 재료의 참맛이 응축되어 소금을 넣지 않아도 맛이 좋습니다.

다양한 맛을 조금씩

젊을 때는 메인으로 일품요리를 놓고 약간의 반찬을 곁들여서 먹었습니다. 하지만 나이와 함께 두 사람의 식사도 내용이 변해왔습니다.

"준비하는 데 힘이 조금 들더라도 매일 여러 종류의 식재료를 균형 있게 먹으려고 해요. 그래야 몸의 상태도 좋아진답니다."

소금을 뺀 식생활을 시작한 후부터는 여러 가지 음식을 조금씩 반찬으로 내려고 더욱 신경을 씁니다. 왜냐하면 다양한 음식을 조금씩 입 안에서 섞어가면서 먹으면 풍미가 섞이면서 싱거워도 맛있게 먹을 수 있기 때문입니다.

슈이치 할아버지는 원래 생선을 별로 좋아하지 않지만 시라스(멸치, 정어리 등의 치어)나 작은 생선 등을 매일 조금씩이라도 먹어왔습니다.

요즘도 멸치조림이 떨어지지 않게 만들어두고 조금씩 식탁에 올리

고 있습니다. 특별히 의식하지 않고도 자연스럽게 칼슘을 섭취하기 위한 히데코 할머니의 아이디어입니다. 그 외에도 에다마메(풋콩)를 삶아 반찬에 넣거나 저녁을 에다마메밥으로 짓는 등 하나의 재료로 만드는 방법에 변화를 주면서 "여러 가지 음식을 조금씩" 먹는 생활을 실행하고 있습니다.

또 사사가마보코(어묵의 일종)에 무를 갈아 곁들인 것이나, 육수만으로 조린 야생 머위도 곁들이지요. "여러 가지를 올리면서 남편이 좋아하는 것을 2종류 정도 섞으면 기쁘게 먹어주니 참 감사하죠"라는 히데코 할머니. 여럿이 식탁을 둘러싸고 모였을 때도 할아버지의 접시에 나눠 담는 것은 할머니의 역할. 밸런스를 맞춰 보기에도 예쁘게 할아버지의 접시를 채웁니다.

미역귀 초무침

"모즈쿠(오키나와의 해조류인 큰실말)와 미역귀는 초무침으로 만들어 매일 먹고 있는 반찬 중에 하나예요. 오늘은 모즈쿠가 없어 말린 미역귀를 데쳐 초무침을 만들었어요. 건조식품은 비축해둘 수 있어 편리해요."
끓는 물에 미역귀를 재빨리 데친 다음 건져놓는다.(1) 우동 그릇에 식초와 맛술과 약간의 첨채당(사탕무 설탕)을 넣은 후 (2), 미역귀를 넣어 잘 섞어준다(3). 식초는 맛을 봐가면서 취향에 따라 가감. "간은 대충해요(웃음). 하지만 남편 취향에 맞추는 편이죠. 맛있게 먹는 게 제일 중요하니까요."

그래서 재료가 중요

결혼 초기, 슈이치 할아버지는 식육점에서 파는 고로케를 사 먹는 등 밖에서 식사도 했습니다. 하지만 할머니는 외식은 거의 하지 않았지요. 왜냐하면 히데코 할머니는 어렸을 때 장이 약해서 어머니가 직접 만들어준 것만 먹어왔기 때문에 외식에 익숙해질 수 없었거든요. 할머니가 늘 집에서 식사를 만드니까 할아버지도 일이 끝나면 집에 돌아와 매일 함께 식사를 하게 되었습니다. 점심 도시락도 할머니가 손수 만들어서 쌌으니 하루 세끼를 할머니가 만든 것으로만 먹는 생활이 자연스러워졌습니다.

히데코 할머니는 이미 그 당시부터 몸에 좋은 것을 맛있게 먹으려면 어떻게 요리할 것인지를 늘 염두에 두고 있었다고 하네요. 그래서 그때 살고 있던 하라주쿠에서 멀지 않은 곳에 있던 슈퍼에서 신선도가 높고 안심할 수

있는 식재료를 구입했습니다.

"가격대가 높기로 유명한 고급 슈퍼마켓인 키노쿠니야였지만 이 가게라면 평생 음식을 걱정 없이 맡길 수 있겠다는 생각을 했어요. 채소는 자란 땅, 어류와 육류는 키운 환경과 먹인 사료가 중요하니까요. 그래서 결혼할 때 혼수로 가져온 기모노는 식재료로 다 사라졌어요(웃음). 하지만 그 덕분에 지금의 건강한 몸이 있다고 생각해요."

음식은 생명입니다. 물건은 없어도 살 수 있어요.
하지만 몸에 들어가는 것은 좋은 것이어야만 합니다.
그러니까 비싼 것도 사실은 비싼 게 아닌 거지요.

라고 히데코 할머니는 말합니다.

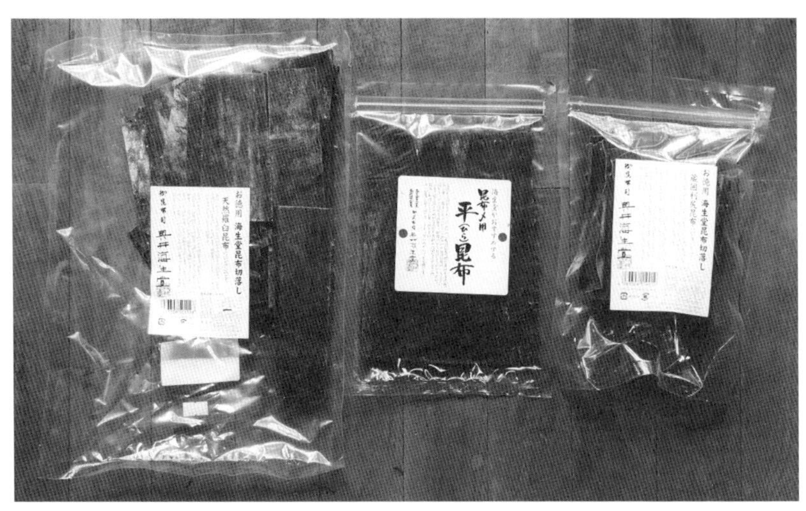

다시마

육수용, 츠쿠타니용, 곤부지메용 등 용도에 따라 홋카이도의 리시리 산과 라우스 산을 나눠서 사용합니다. 최근 주문해서 쓰는 것은 후쿠이 현의 오쿠이카이세이도(奧井海生堂)의 다시마. 곤부지메용으로 사용해봤더니 아주 좋았기 때문.

"지금은 먹을 것이 넘쳐나는 시대지만 몸에 좋은 것은 얼마나 될까 걱정이에요. 한끼 한끼, 정말 잘 생각하면서 먹어야만 해요. 음식을 만드는 것은 수고스럽지만 정말 소중한 일이지요. 게다가 내가 좋아하는 일이기도 하니까 지금까지 해올 수 있었어요."

몸에 좋은 재료를 고르는 것은 그때부터 지금까지 지속되고 있습니다.

"가능하면 자연 그대로의 것을 고르고, 괜찮다는 생각이 들면 실제로 써서 확인해봅니다. 가게에서 발견한 것도 있고 딸들이 알려준 것도 있지요. 시험해보고 이거면 됐다 싶은 것을 발견하면 계속 사용하고 있어요."

슈이치 할아버지도 생산자를 알 수 있는 것을 사자고 할머니에게 자주 이야기한다고 합니다. 가다랑어포를 주문할 곳을 찾아서 알려준 것도 할아버지입니다.

소금을 뺀 식생활을 시작한 지금도 오랜 시간에 걸쳐 길러 왔던 안목이 나침반이 되어 올바른 것, 맛있는 것을 찾을 수 있게 해줍니다.

1
2 | 3 | 4
5

1 가다랑어포와 가리비관자

슈이치 할아버지가 깎을 가다랑어포 이외
는 얇게 깎은 것을 삽니다. 한 달에 약 5개
를 쓴다는 계산이 나옵니다. 가리비관자는
언제든지 사용할 수 있도록 말린 것을 냉
동보관. 육수에 사용한 조개관자는 밥을
지을 때 섞어 조개관자밥을 해 먹습니다.

2 빵가루

국내 유기농 밀가루로 만든 천연효모 빵가
루. 고로케 등의 튀김이 풍미 깊고 바삭하
게 튀겨집니다.

3 미네랄워터

슈이치 할아버지의 몸이 안 좋아진 후, 요
리나 차에 사용하는 물을 〈류센도(류센동
굴) 물〉로 바꿨습니다. "물을 바꾸고 나서
몸 상태가 좋아지고 소변도 잘 나오게 되
었어요."

4 마요네즈

"손녀인 하나코는 원래 마요네즈를 별로
안 좋아해요. 그런데 이건 맛있다고 하더
라고요." 손녀를 위해서 준비한 〈마츠다
마요네즈〉.

5 달걀

자연방목한 닭이 낳은 달걀을 가까운 술 도
매상에서 배달시켜서 먹습니다. "좀 비싸
긴 하지만 옛날부터 여기 달걀을 먹고 있
어요. 다른 데서는 사 본 적이 없어서 맛은
비교할 수가 없네요."

볶아서 식힌 결명자차를 슈이치 할아버지
가 소분해서 봉투에 정성껏 채워 넣습니
다. 손녀 하나코 씨에게 보내는 소포에도
넣고 방문한 손님에게 선물로 들려 보내기
도 합니다.

1리터 정도의 주전자에 1작은술
의 결명자차를 넣고 뜨거운 물을
부어 느긋하게 우려냅니다. 이만
큼으로 우려질까? 할 정도만 넣
어도 진하게 우려집니다.

결명자차와 보리차

고조지에 집을 지었지만 할아버지의 직장 때문에 얼마간은 히로시마에
서 살았습니다. 그래서 집을 자주 비우더라도 잘 자라는 '면'을 심었지요.
이렇게 히데코 할머니의 텃밭 역사가 시작되었습니다. 그다음엔 결명자
를 심고 그 씨를 수확, 다음 해에 심을 것만 남기고 나머지는 볶아서 결명
자차를 만들었습니다.

"이런 사이클로 벌써 30년 정도 살아온 것 같아요. 전 차가운 음식을 못
먹기 때문에 여름에는 상온으로, 가을 이후로는 계속 따뜻하게 마시고
있어요." 보리차도 밭이 주는 선물. 매년 손녀인 하나코 씨에게 필요한
양만큼만 조금씩 볶아서 보냅니다. "가능하면 할머니가 만든 안심할 수
있는 것을 마시게 해주고 싶어요."

결명자차를 볶습니다.

중화냄비에 결명자 씨를 넣고 약불에서 천천히 볶습니다. 불이 골고루 전달되도록 쉬지 말고 계속 휘저어주세요.

톡톡 깨가 튀는 듯한 소리가 들리기 시작합니다. 갈색이 되었으면 불을 끄세요. 결명자차 완성.

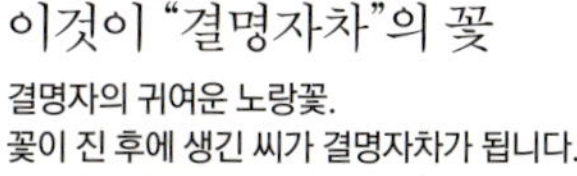

이것이 "결명자차"의 꽃

결명자의 귀여운 노랑꽃.
꽃이 진 후에 생긴 씨가 결명자차가 됩니다.

보리차를 만듭니다.

타지 않게 조심하면서 멈추지 말고 계속 저어줍니다. "여름에는 금세 땀범벅이 된답니다(웃음)."

결명자차보다 더 천천히 오래 볶아서 구수하게.

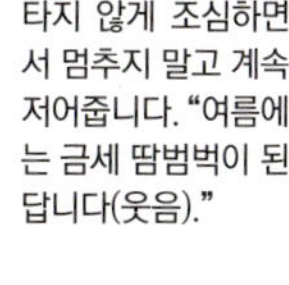

보리는 조금 일찍 수확하여 건조. 노랗게 된 것을 탈곡하여 무쇠냄비나 중화냄비에서 볶습니다.

계절의 맛을 모으는 지혜

봄 여름 가을 겨울, 츠바타하
우스의 텃밭에서는 수많은 과
일이 수확됩니다. 한꺼번에 먹
을 수 없어서 저장하거나 가공
하는 등 아이디어를 모아 마지
막까지 맛있게 먹습니다. 모두
가 기다리는 계절의 맛입니다.

［ 여름귤 ］

여름귤 필

여름귤의 껍질을 벗겨 잘게 썰어 물을 가득 채운 뚝배기(질냄비)에 넣고 팔팔 끓입니다. 하룻밤 흐르는 물에서 쓴맛을 우린 후, 다시 새로 물을 채우고 끓입니다. 한나절 정도 햇볕에 말린 다음 소분하여 냉동보관. 설탕은 먹기 직전에. 병이나 밀폐용기에 그래뉴당과 얼린 여름귤 필을 넣고 뚜껑을 닫은 후 상하좌우로 흔들어 설탕을 전체에 묻힙니다. "요리할 때는 항상 첨채당(사탕무 설탕)을 쓰지만 필에 묻혀 먹는 것은 그래뉴당. 일반 설탕은 끈적끈적해져서 안 돼요."

슈이치 할아버지가 나무에 사다리를 걸치고 올라가 다 익은 여름귤을 아래로 던집니다. 떨어진 귤은 히데코 할머니가 능숙하게 바구니에 담고요. 대충 던지는 것 같은데 절대 몸에 맞지 않습니다. 정말 호흡이 척척 맞는 과일 따기 명콤비입니다.

작은 것은 필이나 마멀레이드용. 큰 것은 열매 그대로 먹을 수 있게 익을 때까지 기다립니다.

[파인애플]

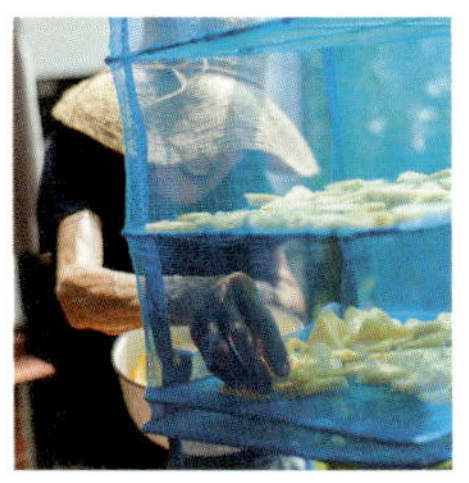

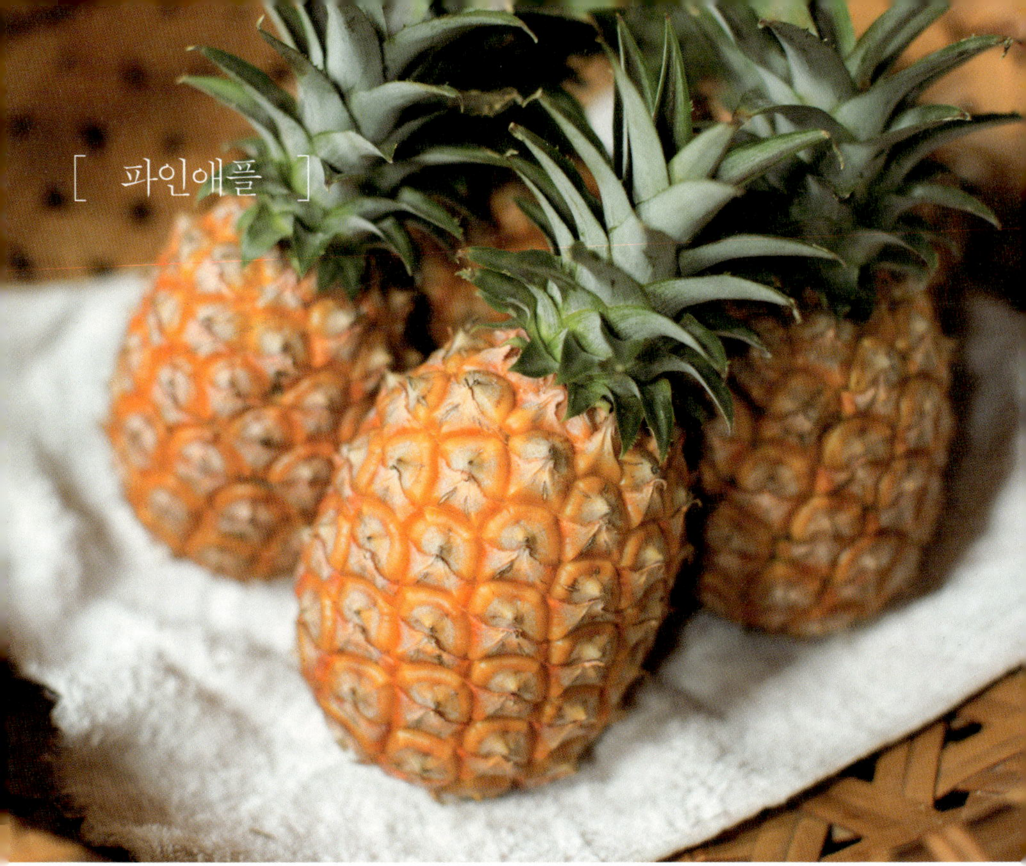

\ 말려서 써요. /

자른 파인애플은 날씨가 좋은 날, 3단 채소 건조망 위에 한가득 올려놓고 말립니다. 단맛이 꽉 차게 응축된 건조 파인애플 완성.

오키나와의 이시가키 섬에서 자란 무농약 파인애플을 매년 6~10개 정도 구입합니다. 자그마한 크기와 산뜻한 맛이 마음에 든다는 히데코 할머니. 그대로 먹기보다 일단 부채꼴로 잘라서 말린 다음, 빵을 만들 때 사용합니다. 남은 것으로는 잼이나 식초를 만들어 계절의 맛을 만끽합니다.

파인애플
업사이드다운 케이크

케이크 틀 밑에 말린 파인애플을 깔고 굽는
케이크. 말린 파인애플의 응축된 단맛과
신맛의 밸런스로 자꾸 먹고 싶어지는 맛.
만드는 법 ▶ 154쪽

버터로 볶은
파인애플 케이크

업사이드다운 케이크를 사각형 틀에 넣
고 만들어보았습니다. 차이점은 버터로
볶은 파인애플을 사용했다는 것. 말린 것
보다 촉촉하지만 맛은 거의 비슷하게 농
후합니다.

크리스마스 후르츠케이크

연말이 가까워지면 매년 고마운 분들에게
그해에 수확한 것들을 보내고 있습니다.
밤, 라임오렌지, 매실…. 그중에서도 비장
의 무기는 이 케이크. 말린 과일을 듬뿍 넣
어 만든 이 케이크를 기다리는 분들이 많
다고 합니다.
만드는 법 ▶ 155쪽

라즈베리와 딸기잼

"작년엔 라즈베리를 많이 수확했기 때문에 레드와인 식초에 담가봤어요. 계속 담가 두는 것이 아니라 한 달 정도 지나면 꺼내는 것이지만 맛이 훨씬 깊어져서 진정한 풍미를 느낄 수 있어요." 이것을 냉동했다가 딸기 수확을 끝낸 초여름에 시간이 생기면 설탕을 넣고 조려서 잼을 만듭니다. 제철이 지난 과일 믹스도 이런 아이디어로 즐기고 있어요.

[과일잼]

과일을 그대로 먹는 것 같은 감칠맛이 매력인 히데코 할머니의 잼. 계절의 결실을 병에 담아서 손녀인 하나코 씨와 고마운 분들에게 보냅니다. 봄엔 딸기 & 버찌나 여름귤…. 잇달아 익어가기 때문에 이 시기엔 쉴 틈이 거의 없는 히데코 할머니. "이게 끝나면 다음은 매실이야. 정말 꾸물댈 수가 없어요(웃음)."

버찌 잼

"씨 빼는 게 제일 힘들어요." 5월 하순은 버찌를 수확하는 시기. 다 딸 수 없을 정도로 많이 열린 버찌의 수확이 끝나면, 두 부부는 쉴 틈도 없이 한 알 한 알 씨를 제거해나갑니다. "고생을 하는 만큼 역시 맛있으니까요. 열심히 해야죠"라는 히데코 할머니. 씨를 다 제거한 반질반질 보석 같은 버찌를 뚝배기에 담은 후, 설탕을 넣고 (물 등은 넣지 말고) 보글보글 조려서 잼을 완성합니다.

꽃이 지면 알 굵은 열매가 가지마다 한가득. 꽃과 열매, 그리고 단풍. 계절마다 늘 즐거움을 주는 츠바타하우스의 벚나무.

완성된 잼은 유리병에 담아둡니다. 내용물을 한눈에 알아볼 수 있도록 슈이치 할아버지가 직접 만든 라벨을 하나하나 붙여줍니다.

[매실]

잼과 병행해서 매실 작업에 착수합니다. 특히 우메보시는 날씨 확인이 상당히 중요합니다. 맑은 날이 계속된다면 그때가 찬스입니다.
"소금 때문에 이제 남편은 안 먹지만 기다리는 다른 분들이 있으니까요."

우메보시(매실장아찌)

황매실을 수확한 다음, 꼭지를 따고 소금에 절여요(매실 양의 8%). 붉은 차조기를 소금으로 비벼서 거품을 제거한 다음, 소금에 절인 매실에서 나온 즙에 담가 둡니다. 7월 중순쯤까지 곰팡이가 피지 않게 매일 뒤집어줍니다. 맑은 날씨가 3일 정도 계속될 것 같으면 큰 소쿠리에 매실과 붉은 차조기를 나눠서 잘 펼쳐놓고 3일 밤낮을 꼬박 말립니다. "붉은 차조기는 바삭하게 말렸다가 차조기 밥을 해 먹어도 맛있어요."

매실장아찌 설탕조림

간식이나 약간의 입가심으로 좋은 마음이 편안해지는 맛. 매실장아찌의 소금기를 뺀 다음 첨채당(사탕무 설탕)으로 조리기 때문에 할아버지의 간식으로도 딱 좋습니다. 입안이 개운해지는 새콤함에 자꾸 손이 갑니다.

소매실 간장절임

소매실을 하룻밤 물에 담가서 떫은맛을 제거하고 끓는 물로 소독한 병에 가득 채웁니다. 간장육수를 그 위에 붓고 뚜껑을 꽉 닫아 냉장고에서 숙성시킵니다. 1년 정도 지나면 맛있게 먹을 수 있습니다. "매실 엑기스가 녹아든 간장육수가 아주 맛있어요. 생선요리에 잘 어울리죠."

해마다 열리는 츠바타하우스의 밤. "잘 익어 저절로 떨어질 때까지 기다려요."

츠바타하우스에는 종류가 다른 두 그루의 밤나무가 있습니다. 처음에는 작은 모종이었지만 지금은 많은 열매를 맺는 큰 나무가 되었습니다. 수확하자마자 먹으면 별로 달지 않아 일단 봉투에 담아 냉장고에서 숙성시켜둡니다. "밤 줍는 작업은 한 번에 하려고 하면 너무 피곤해요. 그래서 너무 욕심내지 않고 적당히 한답니다(웃음)."

리큐 만쥬

1 냄비에 흑설탕 65g과 물 2큰술을 넣고 끓여서 녹인 후, 걸러줍니다.

2 체에 친 박력분 100g을 보울에 담고 물 1/3작은술에 베이킹소다 1/3작은술을 녹여 박력분과 섞어줍니다.

3 1과 2를 섞어서 매끄럽게 되었으면 반죽을 잠시 휴지시킵니다. 반죽과 팥소 150g을 각각 10개로 나눈 후 반죽으로 팥소를 쌉니다.

4 13분 정도 찌면 완성.

구리킨톤(밤과자)

"밤을 삶은 다음 스푼으로 속을 긁어내서 냉동해둬요. 그럼 언제든지 먹을 수 있잖아요" 라는 히데코 할머니. 냉동밤에 설탕을 묻힌 다음 나무 찜통에서 찝니다. 하룻밤을 두어 촉촉해지면 삼베행주로 싸서 모양을 만듭니다. "갓 딴 밤은 설탕만 묻혀도 괜찮지만 냉동밤이라 수분이 부족할 땐 물엿을 조금 넣어주면 촉촉해진답니다."

가을 끝 무렵에는 노랗게 잘 익은 유자가 한 가득 열립니다. 두 부부가 힘을 합해 익은 유자를 골라 하나하나 따는 것도 매년 하는 일. 츠바타하우스의 수확물은 전부 무농약입니다. 그래서 유자도 껍질까지 안심하고 먹을 수 있어요. 필과 유베시(떡)를 만들거나, 꿀절임을 합니다. 과육까지 함께 조려서 잼을 만드는 작업도 빼놓을 수 없습니다.

유자 필

여름엔 여름귤, 겨울엔 유자로 필을 만듭니다. "차 마실 때 조금씩 집어 먹으면 맛있어요. 무농약이라 껍질까지 안심하고 먹을 수 있답니다." 만드는 법은 37쪽의 여름귤 필과 같은 순서로.

유자 꿀절임

뜨거운 물로 소독한 병에 얇게 썬 유자를 채워 넣고 꿀을 부어줍니다. 꿀의 점도가 낮아지면 먹을 때가 된 것. 과자를 만들 때 넣거나, 한천과 버무려 먹습니다. "꿀이 줄어들면 그 위에 더 부어주면 돼요."

갓 수확한 제철 유자. 과실이 작은 꽃유자는 속을 도려내서 유베시(유자즙을 넣은 과자)를 만들어요.

손에 익숙한 도구가 좋다

집의 넓이에 비해 약간 작은 편인 히데코 할머니의 부엌. 그런데도
이곳에서 맛있는 진수성찬이 잇달아 나오는 것은 몇몇 실력 있는
아군 덕분입니다. 뚝배기와 철프라이팬도 오랜 아군 중 하나.
"세상에 편리한 도구는 잔뜩 있어도 말이지, 역시 내 손에 익은 것
이 최고예요. 딸은 '엄마, 부엌이 좁아서 힘드시겠어요'라고 하지만
그렇게 힘들진 않아요. 하다 보면 어떻게든 되기 마련이거든요."

찌개, 잼 만들기, 밥짓기에 사용합니다. 할머니는 "사실 뭐든지 뚝배기로 만들고 싶을 정도예요"라
고 할 만큼 매일 뚝배기를 애용하고 있습니다. "츠쿠타니는 여러 날에 걸쳐 불에 올려놨다가 내렸다
가 해야 하니까 천천히 익는 뚝배기가 제일 좋아요." 가지고 있는 뚝배기는 4개인데 반찬 종류가 늘
어난 지금은 몇 개 더 갖고 싶다며 장난기 가득한 미소를 짓는 히데코 할머니.

깨와 멸치를 볶거나 핫케이
크를 구울 때는 철프라이팬.
"열이 금방 전체로 퍼져서
달걀부침도 폭신하게 만들
어져요."

지름 18cm 정도 사이즈가
적당하게 쓰기 편합니다.
"딸이 골라준 것인데 가벼
워서 쓰기 편해요. 푸딩에
올릴 캐러멜을 만들 때도
이걸 써요."

슈마이나 만쥬를 쪄낼 때 씁
니다. 두 식구에게는 이 미
니 사이즈가 딱. 냄비가 한
세트이며 지름은 15cm.

와라비모찌

와라비모찌(고사리 뿌리에서 얻은 전분을 굳혀서 콩가루에 묻혀 먹는 떡) 가루, 설탕, 물을 냄비에 넣고 중불에서 투명해질 때까지 섞으며 끓입니다. 틀에 부어 식혀서 굳힙니다. 다 식었으면 스푼으로 떠서 보울에 담은 후 콩가루를 묻혀줍니다. "어머나, 아직 완전히 안 식었네. 어젯밤에 만들어두었으면 좋았을걸. 그래도 할 수 없지요, 뭐"라며 웃는 히데코 할머니.

미타라시단고(경단꼬치)

찹쌀가루에 물을 붓고 반죽합니다. 적당한 크기로 경단을 만들어 끓는 물에 넣고, 떠오르면 찬물에 담갔다가 물기를 뺍니다. 꼬치에 5개씩 끼운 다음 석쇠로 굽습니다. 간장, 육수, 설탕을 섞어서 불에 올리고 설탕이 녹으면 구워둔 단고 꼬치에 바릅니다.

과일 한천젤리

한천을 물에 불린 다음 불에 올려서 녹인 후, 틀에 담아 식혀서 굳힙니다. 냄비에 설탕과 물을 넣고 녹인 다음, 럼주를 약간 섞어 시럽을 만들어 식혀둡니다. 한천이 굳었으면 사각형으로 잘게 자르고 밭에서 딴 딸기, 캔 복숭아(시럽도 함께), 바나나 등 좋아하는 과일을 잘라서 섞어줍니다. 그릇에 담고 시럽을 부은 후 설탕을 솔솔 뿌려주면 완성.

와라비모찌나 한천을 식혀서 굳힐 때는 오래된 알루미늄 도시락통을 씁니다. 딱 알맞은 두께로 완성되고 뚜껑도 있어서 편리. 알루미늄이라 빨리 굳는 것도 마음에 들어요.

간단한 간식과 손님 접대

접대의 프로라고도 할 수 있는 히데코 할머니. 갑작스러운 손님의 방문에도 전혀 당황하지 않습니다. 웃으면서 "지금 이것밖에 없지만"이라고 하시더니 맛있는 간식을 재빨리 만들어 식탁에 올려놓는 모습이 마치 마술사 같습니다.

이런 마술이 가능한 것도 와라비모찌 가루와 찹쌀가루, 한천 등의 간식 재료를 상비하고 있기 때문입니다. "어디서 사 온 게 아니라 우리 집에서 직접 만든 것으로 대접하고 싶어요"라는 할머니의 따뜻한 마음이 서둘러 만드는 간식을 이렇게 멋진 음식으로 완성시키는 것이겠지요. 예쁜 그릇을 선택하고 보기 좋게 담는 방법까지, 이 모든 것이 잘 조화되어 간단하지만 마음이 담긴 간식이 완성됩니다.

뭐든지 나만의 스타일로

히데코 할머니가 애용하는 쌀겨비누.
"몸을 씻을 때는 물론, 세탁이나 설거
지에도 사용할 수 있다고 하네요. 여
기저기 다 써봐야지."

설거지는 고형비누로
식사가 끝난 그릇은 설거지통에
담가서 애벌 설거지를 하고 쌀겨
고체 주방비누로 설거지합니다.
"피부와 자연에 순하다고 해서
안심하고 사용해요."

자그마한 주방에는 식기건조대
가 없습니다. 설거지를 끝낸 식
기는 행주로 물기를 닦은 다음,
거실의 창가에서 말립니다. 시
간이 약간 지나 완전히 마르면
식기장에 정리합니다.

만들고 정리하며 60년

만들고, 먹고, 정리하고, 다시 만들고…. 이런 반복을 60년간 지속해
왔기 때문에 지금 이만큼 할 수 있게 되었다는 히데코 할머니의 말씀.
"처음에는 정말 아무것도 못했어요. 친정어머니가 50세에 돌아가셨
거든요. 그래서 결혼 초엔 시어머니의 도움을 받으면서 여러 가지
를 시도해보았어요. 그리고 남편은 제가 도전하는 것에 대해서 언
제나 격려해주었어요. 그래서 자신감을 붙이면서 지금까지 해올 수
있었죠."
집안일은 실제로 해보면 어떻게든 그다음이 보이기 시작합니다.
"일단 멈추지 않고 손을 움직이는 것이 중요해요."

기름을 두른 철프라이팬을 뜨겁게
달군 후, 잘 푼 달걀을 부어줍니다.
히데코 할머니의 요리는 늘 섬세하
면서 호쾌. 그리고 정말 맛있어요!

배우기보다 혀로 기억한다

"우선은 먹어보는 거예요. 나와 가족에게 맛있게 느껴지는지 어떤지. 요리는
배우는 것보다 반복해서 자기 혀로 맛을 느끼는 것이 중요하다고 생각해요."
예를 들어 처음에는 요리책을 참고해서 만들더라도 계속 자기 취향을 반영
해 응용해보는 것, 이것이 히데코 할머니의 스타일. 조미료의 양을 가감하거
나 맛술 대신 메이플시럽을 넣어본다든지, 속재료를 바꿔본다든지. 그런 여
러 가지 도전이 모두 모여 어느새 세상에서 하나뿐인 히데코 할머니의 맛을
만들어갑니다.
"18살 때까지 엄마가 만들어주셨던 음식의 맛이 내 혀의 기본이 된 것 같아
요. 어릴 때 먹은 음식의 기억이란 잊을 수 없는 것이랍니다."
결혼 초기부터 슈이치 할아버지는 할머니가 만든 요리라면 무엇이든 맛있
게 먹어주었습니다.

"아마 그렇게 맛있진 않았을 거예요. 나도 '맛도 참 없다'고 생각하면서 먹었으니까(웃음). 하지만 남편은 불평 한마디 없이 먹어주었어요. 참 고맙게 생각해요."

그런 시절을 지나 할머니의 "맛있는 맛"을 향한 시행착오는 아이가 태어나 자라고 독립하고 다시 부부 두 사람만 남고 손주가 태어나는 인생의 사이클 속에서 멈추지 않았고 지금도 지속되고 있습니다.

"그러니까 결국, 내 맛은 언제나 눈대중인 거지. 사실 대충이야."

부엌에 서서 그렇게 말하며 웃는 히데코 할머니. 주부 경력 60년 동안 길러진 눈대중도 할머니 스타일을 만드는 믿음직한 기준입니다.

자, 그럼 오늘은, 또 내일은 어떤 맛있는 것을 먹을 수 있을까요?

매실 간장절임, 염교, 무농약 레몬 꿀절임. 만든 직후 보다 몇 개월~1년 정도 천천히 맛이 잘 배어든 후가 더 맛있게 먹을 수 있습니다.

"죽순만은 냉동할 수 없어요. 그래서 갓 캔 것을 바로 데쳐야만 해요"라는 히데코 할머니. 뚝배기에 물을 채우고 껍질째 반으로 자른 죽순과 쌀겨를 넣고 30분 정도 삶아 하룻밤 둡니다. 그것을 어묵탕에 넣거나 비빔밥을 만들거나 섞어서 밥을 짓습니다.

시간이 맛을 만들다

히데코 할머니의 요리는 재료의 맛을 살리고 끌어내기 위해 육수를 내거나 오랜 시간 정성껏 끓이는 밑준비에 수고와 시간이 걸립니다.
"먹고 싶을 때 맛있게 먹을 수 있도록 여러 가지를 준비해두는 것이 중요해요."
이것이야말로 매일 만드는 할머니 요리의 원천이라고 할 수 있는 작업.
그리고 그 수고를 마다하지 않는 것이 할머니의 스타일인 것이겠지요.
밑준비를 한 다음 하룻밤 재우는 것이 이제는 당연한 일입니다.

- 콩자반용 검정콩이나 말린 줄기상추를 물에 담가 불리는데 이틀 정도 걸립니다. 하루에 한 번은 물을 갈아줍니다.

각각의 재료를 따로따로 뚝배기에서 끓인 다음, 마지막에 어묵 육수에 넣고 섞어줍니다. 다양한 재료의
맛이 마지막에 하나로 어우러지는 것도 뚝배기 덕분.

- 가스즈케(술지게미 절임)는 생선을 절인 후 2~3일 둡니다.
- 데미그라스 소스는 채소가 물렁해질 때까지 끓인 다음, 새로운 채소를 넣고
  다시 끓여서 만든 비프스튜를 걸러서 완성하는 끝없는 과정을 거쳐야 합니다.

저장식품에는 더욱더 시간을 들여야 합니다.

- 꿀절임은 일주일 이상 그대로 둡니다. 그다음 보충, 또 보충해줍니다.
- 염교와 매실은 반년에서 1년 걸립니다. 오래 둘수록 더욱 맛있어집니다.

그러므로 조리가 끝나도 아직 마무리된 것이 아닙니다. 아무것도 하지 않
는 그런 시간이야말로 맛을 끌어내는 비장의 카드입니다.

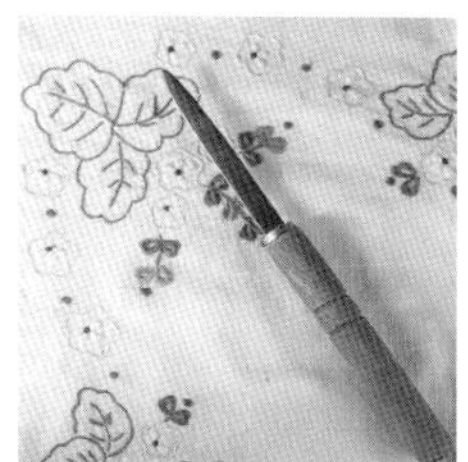

과일 등을 깎을 때 쓰는 작은 칼. 오랫동안 갈아가면서 썼더니 이렇게 작아져 버렸어요.

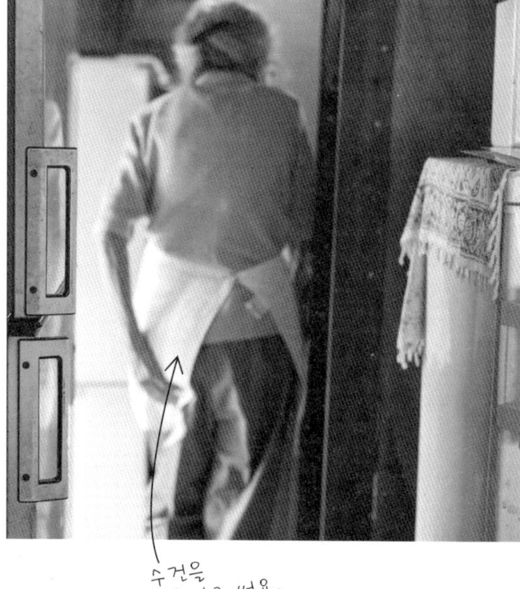

수건을 착 두르고 옷핀으로 고정시킨 앞치마. "아유, 별거 아니에요. 이렇게 하면 빨리 손을 닦을 수 있어 좋아요." 늘 자신만의 페이스로 자신의 스타일을 만들어 가는 히데코 할머니.

"전 늘 부엌에 있으니까요. 틈틈이 하고 있어요. 한꺼번에 다 하는 게 아니니까 그렇게 힘들지 않아요."

이런 히데코 할머니의 맛을 지탱하는 최대 파트너는 뭐니 뭐니 해도 뚝배기입니다. 찌개, 츠쿠타니, 잼, 밥…. 뚝배기를 쓰지 않은 날이 거의 없습니다. 뭐든지 부드럽게 익혀주는 것이 뚝배기의 장점이라고 이야기합니다. 그중에서도 식으면서 맛이 스며드는 찌개는 천천히 온도가 내려가는 뚝배기와 궁합이 최고. 스테인레스 냄비 등으로는 아무래도 맛있게 만들기 어렵습니다. 며칠에 걸쳐 불에 올렸다 내렸다 해야 하는 츠쿠타니도 맛이 천천히 배는 뚝배기로 만드는 것이 가장 좋고 무엇보다 안심할 수 있습니다.

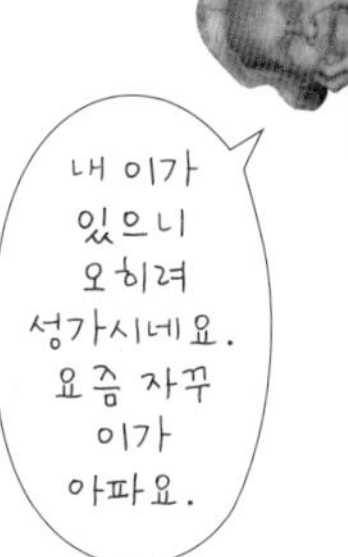

조금씩 많은 종류를 먹을 수 있
도록 할아버지의 접시에 음식
을 나눠서 담아 놓는 할머니.
큰 것은 한입 크기로 잘라 놓는
배려도 완벽.

전자레인지는 없지만 감자는 나무찜기로 천천히 찌면 됩니다. 압력솥은
없지만 생선찜은 뚝배기에서 느긋하게 익히면 됩니다. 무말랭이도 시간
을 들여 말리면 감칠맛 가득하게 완성.

"밭일도 씨를 뿌리고 물을 주고, 싹이 나면 또 물을 주고…. 수확하기까
지 시간이 걸리지요. 그 혜택을 받는 건데 정성껏 요리해서 맛있게 먹어
야지요."

밭일도 요리도 느긋하게 천천히. 이것이 변하지 않는 히데코 할머니의
스타일.

서랍식이라 쓰기 편한 일렉트로룩스(Electrolux) 사의 냉동고.
"냉장고도 새로 사고 싶지만 꽤 비싸서요(웃음)."

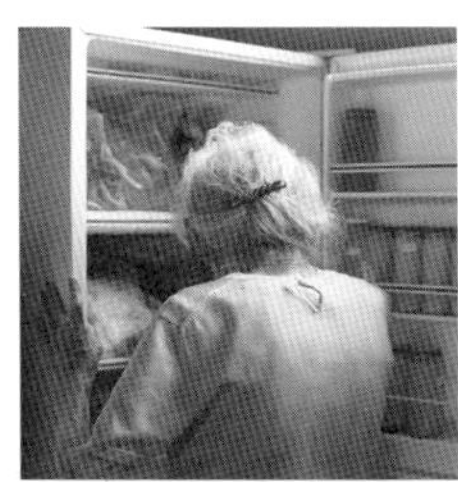

손녀 하나코 씨에게 보낼 스튜. "데우기만 하면 바로
먹을 수 있게 다 만들어서 보내요. 올해는 아직 안 보냈
거든요. 언제 올까 기대하며 기다리고 있지 않을까요?"

뭐든지 냉동저장

츠바타하우스에는 현재 크고 작은 6대의 냉장고가 있습니다. 일반용, 냉
동용 등으로 한 곳이 아니라 주방, 거실, 농기구 창고 등에 나누어 설치했
습니다. 세끼 식사는 매일 준비해야 하지만 장은 아무 때나 볼 수 없으므
로 주문한 식재료(약 2개월분!)가 도착하면 일단 소분해서 냉동합니다. 텃
밭의 결실도 제철에 수확한 후 지속적으로 밑처리를 하여 냉동. 또 일정
기간에는 대량으로 저장해야 하는 것들이 생기므로 아무래도 이 정도의
용량이 필요하다고 합니다.

"덕분에 갑작스럽게 손님이 오셔도 뭔가를 내놓을 수 있고, 선물로 전하
는 것도 가능해요. 우리집에서 냉동고는 빼놓을 수 없는 존재랍니다."

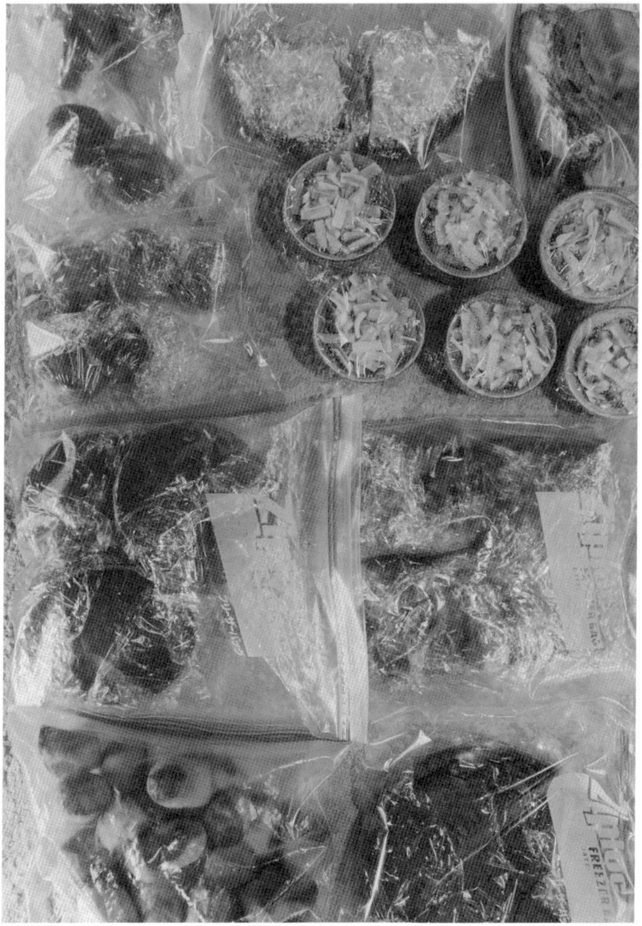

냉동에 대한 여러가지

식재료나 채소 이외에도 스콘과 핫
케이크, 만쥬 등의 간식, 오븐에 굽
기만 하면 되는 미니 그라탕 등, 데
우기만 하면 즉시 맛있게 먹을 수
있는 것도 냉동저장 합니다.
"채소는 채 치거나 얇게 슬라이스
해서 말린 다음 냉동시키면 더 맛
있어져요. 저는 뭐든지 냉동해두
지만 곤약과 버섯만은 안 되더라고
요. 어떻게 해도 퍼석퍼석해서 먹
을 수가 없어요."

[데미그라스 소스]

* 소 따위의 혀를 조미해서 야채와 함께 끓인 요리.

텅스튜*나 비프스튜(만드는 법 90쪽)는 넉넉하게 끓입니다. 그리고 손녀인 하나코 씨에게 보낸 후 남은 것을 걸러서 데미그라스 소스를 만들어둡니다. 이 소스는 고로케를 먹을 때 곁들이거나 그라탕에 넣는 등 양식을 먹을 때 폭넓게 쓸 수 있는 만능 소스입니다. 직접 만든 소스만의 부드럽고 깊은 풍미를 느낄 수 있습니다. "통조림 같은 건 써본 적이 없어요." 소분해서 냉동해두면 편리하다고 합니다.

[화이트소스]

그라탕과 비프스튜에 사용합니다. "우유가 많이 있을 때 한꺼번에 만든 다음 소분해서 냉동보관해둬요." 냄비에 버터 75g을 녹인 다음, 밀가루 75g을 넣어 타지 않도록 볶습니다. 우유 500cc를 조금씩 넣으면서 응어리가 생기지 않도록 섞어주고 부글부글 끓기 시작할 때 불을 끄면 완성.

병에 냉동보관했던 것은 중탕으로 해동. "전자레인지가 없어도 방법은 많다오."

냉동보관해두었던 데미그라스 소스를 불에 올려서 해동. "오늘은 고로케 소스로 쓸 거예요."

[땅콩 드레싱]

"샐러드에 넣거나 나물을 무칠 때 써요. 땅콩의 풍미가 좋기 때문에 만들어두면 아주
유용하게 쓰인답니다. 식감도 좋고 말이죠."
깨와 땅콩을 볶은 다음 절구에 넣고 빻습니다. 육수와 날치육수(아고다시)를 섞어서
원하는 농도를 만든 후 빻은 깨와 땅콩을 넣고 섞어줍니다.

[피자소스]

"토마토가 많이 생겼을 때, 작은 것으로 10개 정도 골라 피자소스를 만들어요."
올리브오일 100cc와 자그마한 토마토 10개(어슷어슷 두툼하게 썬다), 양파 3~4개(얇게
슬라이스한다)를 뚝배기에 넣고 토마토가 부드러워질 때까지 끓입니다. 사탕무가 원
료인 첨채당 약간과 소금, 후추를 넣어 섞어주고 마지막에 파슬리를 뿌려주면 완성.

그라탕이나 라자냐 등의 오븐요리에는 다
양한 맛의 수제 소스들이 대활약.

유리 용기에 소스와 드레싱을 담아 테이
블 위에. "요리가 싱거우니까 취향대로 뿌
려 드세요."

매일 아침, 제철 채소와 멸치, 할아버지가 좋아하는 음식 2~3종류를 조금씩 담아 10종류 정도를 준비. 여기에 죽을 곁들이면 늘 먹는 아침식사가 완성됩니다.

슈이치 할아버지의 아침식사

소금을 뺀 생활 속에서도 식사시간이 기다려지도록 여러 가지 메뉴를 궁리하는 히데코 할머니.

"양을 많이 하면 다 못 먹는 경우가 많으니까 가짓수를 늘려서 다 먹을 수 있도록 해요. 그렇게 하면 여러 가지 맛이 입 안에서 섞이니까 싱거워도 어떻게든 맛있게 먹을 수 있지 않을까요" 라는 생각으로 10종류 정도의 반찬을 준비해서 아침상에 올립니다. 매일 질리지 않고 먹을 수 있도록 조합을 달리하고 있습니다.

점심은 일본식 떡국. 3시에 간식, 저녁식사는 생선을 튀기거나 굽고 아니면 고기요리를 더합니다. "저녁에는 늘 남편에게 물어서 먹고 싶다는 것을 만들어요. 소금을 뺐기 때문에 거의 토마토랑 카레가루 맛만 나지만 카레와 스튜도 좋아합니다. 하루 동안 먹은 전체 음식이 "무지개색"이 되도록 균형을 맞추고 있어요."

일요일의 팥죽

일요일엔 가장 좋아하는 팥죽을 먹으며 한 주를 마무리합니다. "매일 흰죽만 먹으면 일주일이 너무 단조롭잖아요. 그래서 죽도 좋아하는 것을 즐기는 날을 만들었어요."

밤 12시의 샌드위치

하루에 약 2000cc의 수분을 섭취해야 하는 슈이치 할아버지. 물이나 차만으로 좀처럼 다 마실 수가 없으므로 뭔가 집어먹을 것을 준비합니다. 한밤중인 12시에 수분을 섭취할 때는 정해놓고 5cm 정사각형 샌드위치와 함께합니다. "빵 사이에 감자와 당근 찐 것을 넣고 토스트 한 간단한 것이에요."

[어느 1주일의 아침식사]

○ 일요일

단팥죽, 장어 1토막, 사사 가마보코(어묵) 3개, 무즙, 초연근, 우엉채 조림, 톳, 시금치 참깨&땅콩 무침, 새우춘권, 다타미이와시(새끼정어리를 김처럼 말린 포) 약간, 미역귀 초절임

○ 월요일

흰죽, 장어 1토막, 무떡 1조각, 연근 깨볶음, 우엉채 조림, 소송채 나물, 시금치 참깨&땅콩 무침, 오븐에 구운 뱅어 약간, 미역귀 초절임

○ 화요일

흰죽, 장어 1토막, 새우를 넣은 슈마이(일본식 딤섬), 연근 튀김, 우엉채 조림, 톳, 소송채 참깨무침, 두부, 달걀을 풀어 익힌 돌콩, 미역귀, 시라스(멸치, 정어리 등의 치어/소금기 뺀 것)

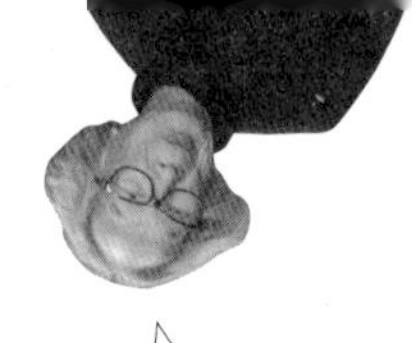

할머니의 아침은 빵

"옛날부터 아침에 남편은 밥, 저는 빵을 먹었어요. 각자가 맛있게 먹는 게 중요하지 메뉴는 각각이라도 상관없다고 생각해요. 저희 집에서는 잼도 저만 먹는답니다."

○ 수요일

흰죽, 장어 1토막, 채소 찐만두 1개, 우엉채 조림, 톳, 줄기상추, 샐러드 (달걀, 미역, 사사 가마보코 반 개, 아스파라거스), 오븐에 구운 뱅어

○ 목요일

푸르대콩(청태)를 넣은 죽, 장어 1토막, 새우춘권, 미역귀, 요코하마 슈마이 1개, 우엉채 조림, 톳(소고기를 넣어서), 시라스, 무떡, 연근조림, 오븐에 구운 뱅어, 시금치 참깨 & 땅콩무침

○ 금요일

흰죽, 장어 1토막, 게살 찐만두 1개, 새우 두부껍질 말이, 우엉채 조림, 톳, 연근 초절임, 미역귀 초절임

○ 토요일

흰죽, 베이컨 에그, 샐러드(감자, 당근, 완두콩, 마요네즈로 버무린 삶은달걀), 우엉채 조림, 톳, 연근 초절임, 뱅어

빵도 냉동해둡니다. 그래서 빵
사이에 채소류를 넣고 오븐토
스터에서 바삭하게 구우면 딱
먹기 알맞은 상태가 되지요.
"늦은 시간이라 한 입 정도밖
에 안 먹을 때가 많아요."

"일주일에 한 번, 토요일 아침
은 달걀 요리의 날로 정했어
요." 베이컨 에그의 베이컨은
슈이치 할아버지가 집에서 직
접 만든 것. 샐러드에도 삶은
달걀을 넣어줍니다.

65

40년 전에 이사한 후부터 히데
코할머니의 염원이었던 텃밭이
있는 삶이 시작되었습니다. 수
많은 시행착오를 겪으면서 지금
의 스타일로 정착되었지요. 내
년이 기대되도록 약간 모자란
느낌이 들 정도만 심습니다.

밭일 1시간, 낮잠 2시간

풀을 베고 땅을 갈고 씨를 뿌립니다. 매일 작업 내용은 변하지만, 최근에는 오전 중에 1시간 정도만 밭일을 합니다. "물은 하루에 한 번 줘요. 나머지 오전 시간에는 과자를 만들거나 밑준비를 해요. 그리고 할 수 있을 때 요리를 만들어두지요." 점심을 먹고 나면 2시간 정도 낮잠. 자신의 속도에 맞춘 변함없는 생활입니다.

우엉으로 조림을, 양배추 잎의 연한 부분으로는 주스를 만들어요. 브로콜리는 데쳐서 냉동. "쓸 만큼 수확했으면 밭일 끝."

밭의 결실

"올해는 옥수수가 아직이네. 딸기가 늦네" 라고 이야기 나누며 밭을
돌아보는 츠바타 부부. 매년 똑같이 심어도 똑같이 자라지 않는 것이
밭이라는 곳입니다.
"저렇게 할 걸 그랬나? 다음에는 이렇게 해보자고 생각하는 것도 재
미있어요."
매일 조금씩 수확할 수 있도록 씨를 뿌리는 시기도 약간씩 엇갈리게
합니다. 이런 노력들이 늘 결실이 풍성한 밭을 만들어 갑니다.

연보라색 꽃은 누에콩 꽃. 수확한 콩은 콩자반 등을
만들어 냉동보관.

"쪽파는 가을에 다시 심으려고
포기를 약간 건조시키고 있어요."

"올해는 수박 모종을 심어봤어요.
어머, 멋지게 자랐네~"라는 히데코
할머니. 모종을 심고, 꽃이 피고, 솎
아주며 수확할 때까지 긴 시간이 필
요한 밭의 작물. 시간을 들인 만큼
큰 수확물로 돌아옵니다. "밭이나
사람이나 똑같아요. 돌보지 않으면
제대로 자라지 않으니까."

슈이치 할아버지가 직접 만든 귀여운 노랑 명찰. 앞으로 심을 채소의 이름이 줄줄이 적혀있어요. 마치 "히데코 할머니, 이제 씨 뿌릴 준비 완료입니다" 라고 말하고 있는 것 같네요.

그림을 그리고
색을 칠하고
이름을 적어주고…,
애착을 갖고
소중하게 사용합니다.

여기에도 슈이치 할아버지가 날짜를 새겨 두셨네요. 아마 부서졌던 곳을 수선한 날 같습니다.

여기저기에 붙어 있는 이 밭의 트레이드마크인 노랑 명찰. 알아보기 쉽고 통일감이 있으며 하나하나 살펴보는 재미가 있습니다.

"어디에 무엇을 심었는지, 꽃이나 열매가 없어도 어떤 나무인지 한눈에 알 수 있으면 좋잖아요" 라고 슈이치 할아버지가 말씀하십니다.

슈이치 할아버지가 직접 만든 나무 파츠. 기둥에 달아 햇빛가리개용 끈을 감아둡니다. "요트에서의 경험을 살렸어요" 라며 빙긋.

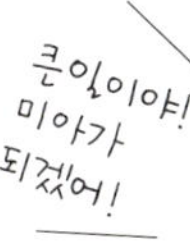

여름에는 풀이 쑥쑥 자라기 때문에 삽이 금세 행방불명. 이때도 삽자루의 노란색이 표시가 되어줍니다.

벽 쪽에 질서정연하게 걸려있는 농기구류. 아래쪽 상자는 수확한 것을 임시로 담아 두는 장소.

수확한 것은 이 외바퀴수레에 담아 이쪽저쪽으로. "이게 있으면 운반이 한결 편해요" 라는 히데코 할머니.

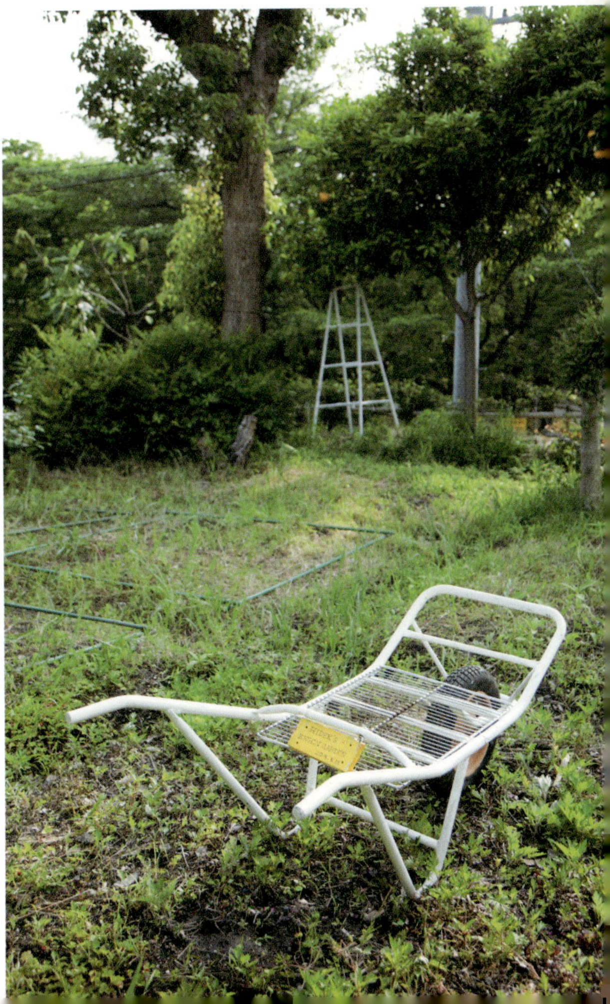

이것들 전부 우리집 나뭇가지로 만들었어요. 가늘고 길게 만들어 달라고 아내가 부탁했거든.

슈이치 할아버지예요

가는 것이 좋다는데 그런 가지가 거의 없어요~

간신히 손도끼자루를 바꿔 달 수 있을 것 같습니다.

사용하기 편하게 고친다

"이 농기구들도 벌써 몇십 년을 썼어요. 오래됐지요"라는 히데코 할머니. 낡은 농기구들은 슈이치 할아버지가 자루 부분을 바꿔 달아 수선해줍니다. 이번에도 히데코 할머니의 요청을 받고 재빨리 손을 움직이는 할아버지. 트레이드마크인 노랑 부분은 컬러 테이프로 돌돌 말아준 것입니다.

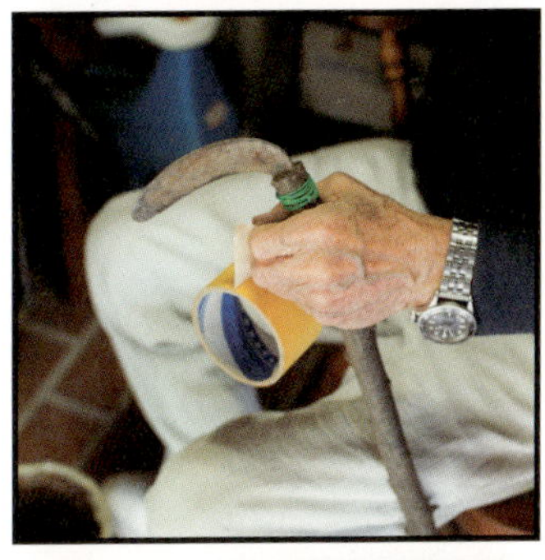

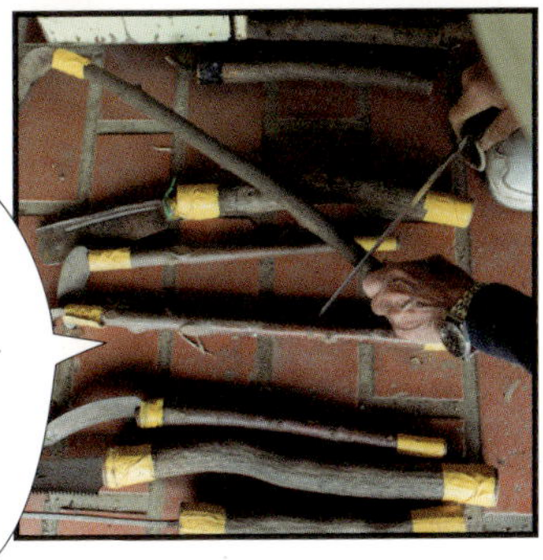

桃
源
잡목림이 주는 혜택

<table>
<tr><td></td><td>2</td></tr>
<tr><td>1</td><td>3 | 4 | 5</td></tr>
</table>

1~5 매년 5월이 되면 죽순도 머리를 내밀기 시작합니다. 순식간에 크게 자라기 때문에 먹기로 결정하면 할아버지가 농기구 창고에서 괭이를 가져와 바로 캐냅니다. 이렇게 하면 가장 맛있는 순간을 놓치지 않고 맛볼 수 있어요.

집 북쪽에는 잡목림이 있습니다. 봄이 되면 숲 이곳 저곳에서 죽순이 머리를 내밉니다. 너무 많아서 전부 다 먹을 수 없기 때문에 대나무로 자라게 남겨둘지, 캐서 먹을지 두 사람이 상의해서 정하고 있습니다. "남겨둔 대나무도 5~6년 정도 자라면 잘라서 울타리를 만들거나 하지요" 라고 슈이치 할아버지가 말씀하십니다. 여러 가지 형태로 도움을 주는 고마운 잡목림입니다.

느긋하게 차 한잔할까요?

오후 3시는 한숨 돌릴 수 있는 간식시간. 슈이치 할아버지는 비스켓이나 센베이와 함께 차를 마십니다. 2~3종류의 직접 만든 푸딩이나 케이크를 접시에 예쁘게 올리고 홍차의 향을 즐기며 보내는 느긋한 한때입니다.

<table>
<tr><td>1</td><td>3</td></tr>
<tr><td>2</td><td>4</td></tr>
</table>

1 "손녀가 오면 좋아할 것 같아서" 구입한 리차드 지노리의 찻잔 세트.
2 손님 접대용 수제 케이크는 여러 종류를 조합하는 것이 히데코 할머니 스타일.
3 물은 쇠주전자로 끓입니다.
　"물맛이 뭔가 부드러운 느낌이 들어요. 철분도 섭취할 수 있고 말이에요."
4 작은 찻잔은 바구니에 담아서 수납. 위에 천을 덮어 먼지가 쌓이는 것을 방지.

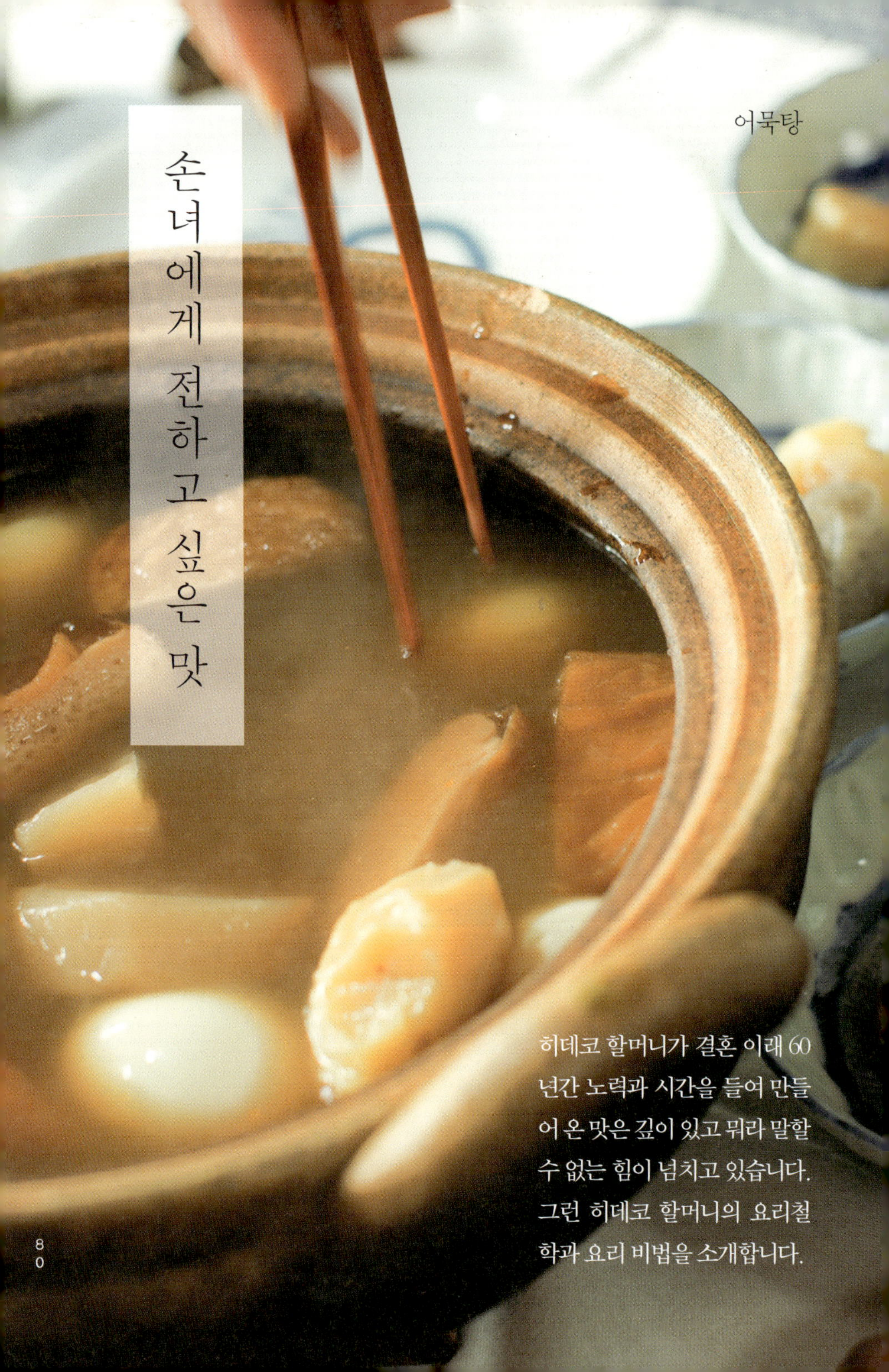

손녀에게 전하고 싶은 맛

히데코 할머니가 결혼 이래 60년간 노력과 시간을 들여 만들어 온 맛은 깊이 있고 뭐라 말할 수 없는 힘이 넘치고 있습니다. 그런 히데코 할머니의 요리철학과 요리 비법을 소개합니다.

소고기 고로케

어묵탕

"날이 쌀쌀해지면 뚝배기 어묵을 만들어요. 한꺼번에 잔뜩 만드는 것이 맛있답니다."

무는 두툼하게 통썰기한 다음 쌀뜨물을 넣어 삶고, 감자, 당근, 토란도 큼직하게 잘라서 데쳐둡니다. 건더기는 취향대로 넣으면 되는데, 이날은 곤약, 새우, 오징어, 가리비, 우엉말이, 삶은 달걀 등을 더 넣었습니다. 곤약은 뜨거운 물에 헹궈둡니다. 뚝배기에 건더기를 모두 담고, 어묵탕 육수(25쪽), 청주, 맛술을 조금 넣고 끓입니다. 다 끓었으면 식혔다가 다시 불에 올리고 다시 식히는 과정을 여러 차례 반복하여 육수의 맛이 재료에 완전히 배어들게 합니다. 국물이 줄어들 때 다시 육수를 보충해서 끓여주면 풍미가 응축되어 더욱 맛있어집니다.

"남편은 아주 옛날부터 고로케를 좋아했어요. 그래서 소금을 뺀 생활을 시작했어도 먹을 수 있도록 고로케에 소금 간을 안 하고 튀기게 된 거예요. 고기도 다진 것이 아니라 감칠맛이 나도록 스키야키용 고급 고기를 사용해요."

감자는 통째로 삶아서 껍질을 벗기고 폭신폭신하게 으깹니다. 소고기와 양파를 볶은 다음 으깬 감자와 섞고 후추를 약간 넣습니다. 타원형으로 뭉친 후 밀가루, 달걀, 빵가루를 입혀 유채유에 바삭하게 튀겨줍니다.

"기름은 유채유가 바삭바삭하고 맛있게 튀겨져요. 오늘은 양이 많으니까 기름도 듬뿍 사용해야지."

"손녀에게는 튀긴 것을 한번 냉동해서 보내요. 갓 튀긴 것이 훨씬 맛있지만 바로 먹을 수 있도록 만들어서 보내요."

감자샐러드

도쿄식 오코노미야키

채소피자

"남편은 감자를 좋아하지만, 사실 전 별로예요(웃음)."라고 하는 히데코 할머니. 하지만 슈이치 할아버지가 맛있다고 하면 밸런스를 맞춰 풍부한 색감으로 만들어냅니다. "남편이 지금 이를 치료받고 있으니까 될 수 있는 한 작게 잘라요."
"먹을 때 취향대로 후추를 뿌립니다."

감자, 당근, 완두콩은 잘 데쳐서 물기를 뺀 다음 원하는 크기로 자릅니다. 삶은 달걀을 대충대충 잘라 넣은 후 마요네즈로 무치면 완성. 게살을 섞어서 만들기도 합니다. 가지고 있는 것을 최대한 이용해 맛있게 만드는 것, 그것이 히데코 할머니 스타일 레시피입니다.

"남편이 만든 오코노미야키(일본식 빈대떡)는 옛날부터 아이들에게 인기 만점이었어요"라는 히데코 할머니.
"도쿄 스타일은 말린 것을 넣잖아요. 자른 오징어를 넣거나. 하지만 나고야 스타일은 생양배추 같은 것을 넣으니까 맛이 묘해져 버려요. 건더기로 말린 식품을 넣으면 바삭하게 완성된답니다"라고 비법을 공개하는 슈이치 할아버지.

오코노미야키의 마무리 단계에서 고기 굽는 석쇠에 구우면 바삭하게 완성됩니다.

박력분과 강력분을 100g씩 섞은 후, 달걀 1개와 물 200cc를 넣고 반죽합니다. 지름 10cm 정도의 철프라이팬에 원형으로 반죽을 부어 얇게 펴서 강한 불에서 구워줍니다. 그사이에 소금기를 뺀 시라스, 새우, 구운 김, 가다랑어포 등을 올리고 밑면이 구워지면 뒤집어서 조금 더 구운 후, 다시 원래대로 되돌려 소스를 발라 먹으면 완성.

채소피자

"키노쿠니야 슈퍼에서 산 피자 반죽 위에 집에 있는 것들을 이것저것 올려서 굽는 거예요. 소고기나 돼지고기가 메인인 고기피자일 때도 있고, 갓 딴 채소를 듬뿍 올린 피자일 때도 있어요. 그때그때 있는 게 다르니까요. 토마토가 많을 때 만들어놓은 피자소스를 바르고 피자치즈를 뿌려 굽기만 하면 되니까 아주 간단하죠."

피자 반죽 위에 올리브오일을 바르고 그 위에 피자소스를 바릅니다. 소고기와 돼지고기를 볶고, 감자는 두께 1cm 정도로 잘라 튀기고, 가리비는 삶아둡니다. 이들 재료를 피자 반죽 위에 골고루 올리고 피자소스와 슈레드 피자치즈를 올립니다. 180도로 예열한 오븐에서 타지 않게 주의하며 10분 정도만 구워주면 완성됩니다.

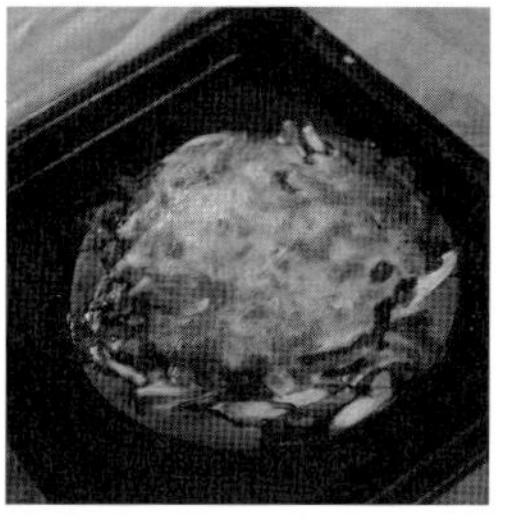

모든 피자 토핑이 미리 한 번 익힌 것이기 때문에 노릇노릇해지면 OK.

로스트비프

라자냐

비프스튜

로스트비프

"고기 크기에 따라 굽는 시간이 달라지지만, 제 경우는 180도에서 30분 정도 구워요. 나머지는 불을 끄고 천천히 잔열에 맡깁니다."

소고기(로스트비프용) 전체에 소금, 후추, 올리브오일, 버터를 순서대로 바르고 랩으로 싼다음 하룻밤 둡니다. 180도로 예열한 오븐에서 노릇노릇해질 때까지 잘 익힙니다. 감자는 삶아서 마요네즈로 버무리고, 당근은 버터와 첨채당(사탕무 설탕)을 넣고 달콤하게 조립니다. 그 외에 삶아둔 녹색채소를 곁들이면 맛있는 로스트비프 완성.

라자냐

"이건 결혼 전에 일했던 미군 하우스에서 배운 레시피였던 것 같아요. 딸들이 어릴 때 자주 만들어줬어요."

소고기와 양파(얇게 썬 것)를 볶은 다음, 토마토소스를 넣고 푹 끓입니다. 라자냐용 파스타를 포장에 쓰여 있는 표시대로 삶아둡니다. 내열 접시에 소고기와 양파, 토마토소스 1/3을 넣고 그 위에 라자냐용 파스타를 한 장 올린 다음, 화이트소스, 소고기와 양파, 토마토

냉동해두었던 청대완두는 해동을 겸해서 올리브오일과 첨채당으로 간을 합니다. 철프라이팬에서 재빨리 볶아 완성.

소스 1/3을 올립니다. 같은 방법으로 남은 재료를 쌓고 피자치즈를 위에 올린 다음, 180도 오븐에서 익힙니다. 치즈가 노릇노릇해지면 완성.

비프스튜

손녀 하나코 씨가 늘 기대하고 있는 비프스튜. 채소의 감칠맛이 소스에 녹아든 정말이지 심오한 맛입니다.
"어쨌든 천천히 푹 끓이는 것이 중요한 것 같아요. 채소를 형태가 없어질 때까지 푹 삶은 다음 체에 걸러요. 거기에 다시 새 채소를 넣고 국물맛이 스며들 때까지 푹 끓이는 거예요. 수고스럽지만 이렇게 하는 게 분명 몸에도 좋을 거라 생각해요."
신선한 소 혀가 있을 땐 소고기 대신 넣기도 합니다. "혹시 있으면 샐러리 같은 향미 채소를 넣거나 가다랑어 육수를 넣어도 맛있어요."

소고기 1kg을 두께 1.5cm 정도로 잘라 철프라이팬에서 표면이 노릇노릇해질 때까지 잘 익힙니다. 냄비에 고기와 토마토퓌레, 토마토케첩, 돈까스소스를 넣고 재료가 잠길랑말랑하게 물을 넣고 푹 끓입니다. 고기가 부드러워졌으면 마구 썬 감자, 당근, 얇게 썬 양파를 넣고 다시 끓입니다. 화이트소스를 넣어 채소가 부드러워질 때까지 푹 끓인 후 고기를 꺼내고 나머지를 고운 체에 거릅니다. 거른 국물에 고기를 다시 넣고 새롭게 감자, 당근, 양파를 넣고 한 번 더 끓입니다.

약불에서 천천히 보글보글, 푹 끓이는 것이 최고. "뚝배기에서 끓여도 순하고 맛있게 완성된답니다."

갯장어와 채소조림

새끼도미와 채소조림

통삼겹조림

오징어밥

| 갯장어와 채소조림 |

"남편은 갯장어를 안 먹지만 오늘은 특별히 만들었어요(웃음). 친정인 양조장에는 교토에서 오신 장인들이 많았어요. 그래서 어릴 때부터 갯장어가 익숙하답니다. 여름이면 먹고 싶어지는 음식 중에 하나예요."

갓 캔 죽순을 반으로 자른 후 쌀겨를 넣고 삶아 그대로 하룻밤 둡니다. 다음날, 뚝배기에 죽순을 넣고 어묵 육수를 재료가 잠길 정도로 부은 다음 날치육수를 넣고 맛을 봅니다. 2일 정도 계속 약불에서 끓이다가 수분이 줄어들면 육수를 보충하면서 끓입니다. 삶은 강 낭콩과 살짝 데친 갯장어를 넣고 맛이 배면 완성.

| 새끼도미와 채소조림 |

"6월쯤 되면 잠깐 새끼도미철이 돌아오거든요. 이때만 먹을 수 있으니 기다려지더라고요. 특히 남편이 좋아하기 때문에 매년 만들고 있어요."

새끼도미를 냄비에 넣고 맛술, 청주, 육수, 첨채당(사탕무 설탕) 약간을 넣고 조립니다. 너무 익어 흐물흐물해지지 않도록 약불에서 뭉근히 익힙니다. 죽순은 쌀겨를 넣어 삶고, 머위도 따로 삶아둡니다. 죽순과 머위를 합쳐 날치육수로 조린 후, 새끼도미를 넣고 조금 더 조립니다.

통삼겹조림 (부타노가쿠니)

"육수를 듬뿍 넣고 조미료는 약간 싱거운 듯 넣어야 간이 맞는 것 같아요. 꼭 맛을 보고 상태를 확인해요."

수육용 삼겹살 1kg을 3cm 정사각형으로 잘라서 뚝배기에 넣습니다. 육수에 간장, 청주, 맛술을 넣고 소매실 간장절임(43쪽)을 소매실 10알 정도를 섞어 고기가 잠길 정도로 부은 후 약불에서 국물기가 거의 없어질 때까지 조립니다. "고기가 너무 익어서 풀어지면 안 돼요. 그 적당한 때를 아는 것이 중요합니다. 타이밍을 놓치지 않도록 조심해야 해요."

오징어밥 (이카메시)

"우리집 오징어밥은 호래기(왜오징어)로 만들기 때문에 아무 때나 만들 수 있는 게 아니에요. 먹고 싶을 때 구할 수 있으면 운이 좋은 거죠."

찹쌀 1홉(80g), 멥쌀 1/2홉(40g)을 섞어서 씻어 놓습니다. 내장과 뼈를 제거하고 깨끗하게 씻은 오징어 속에 준비해둔 쌀을 찻숟가락 2~3개 분량씩 넣습니다. 쌀이 불기 때문에 너무 많이 넣지 않도록 주의합니다. 쌀로 채운 오징어를 뚝배기에 빈틈없이 담은 후 육수, 맛술, 날치육수를 붓고 약불에서 천천히 1시간 정도 밥을 지으면 완성.

데울 때는 법랑 용기에 담아 나무찜통에서 찝니다. "오징어가 질겨지지 않고 부드러워요."

지라시 스시

연근 초절임
매실장아찌
설탕조림
검은콩조림
육수용
다시마조림

지라시 스시 (흩뿌림 초밥)

"지라시 스시는 색 배합도 예쁘고 다양한 맛을 맛볼 수 있어서 좋아해요. 많이 만들어야 더 맛이 있으니까 여럿이 모일 때 만듭니다. 보기에도 화려한 진수성찬이죠."

냄비에 당근, 우엉, 표고버섯, 유부 등을 넣고 육수와 날치육수를 재료가 잠길 만큼 부은 다음 졸입니다(1). 붕장어(잘게 썰어둔다)와 도미 소보로*도 듬뿍 준비합니다(2). 갓 지은 밥을 초밥 통으로 옮겨 담은 후, 익힌 채소와 유부를 조린 국물과 함께 넣고 섞어줍니다(3). 위에 도미 소보로(4), 붕장어(5), 달걀지단(6), 데친 유채와 쑥갓(7)을 색 조합을 생각하며 예쁘게 뿌립니다.

* 소보로 : 생선을 쪄서 잘게 찢어 설탕·간장으로 조리한 것.

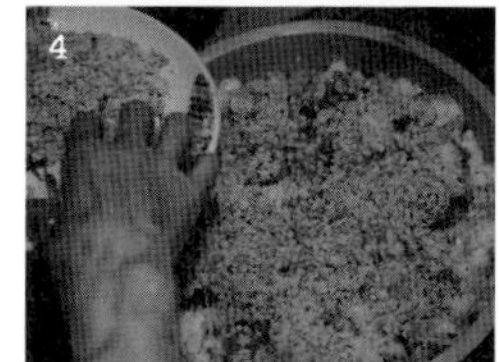

그 계절에 나는 제철 식품을 균형 있게 섞어서 먹어요. 붕장어를 갯장어로 바꾸거나 유채 대신 연꽃을 넣는다든지. 늘 딱 정해진 재료를 넣는 게 아니라 그때그때 맛있는 재료를 사용해서 완성합니다.

밑반찬

○ 매실장아찌 설탕조림

냄비에 물과 전년도에 담은 매실장아찌를 넣고 약불에 올려 소금기를 뺍니다. 매실에 신맛이 약간 남아 있는 상태가 되었을 때 물을 붓고 첨채당(사탕무 설탕)을 넣은 후, 뚝배기에서 물러질 때까지 조립니다.

○ 육수용 다시마조림

라우스 산 다시마를 1.5cm 정사각형으로 잘라 물로 재빨리 헹구고, 가다랑어포만 넣고 낸 육수에 조개관자, 청주, 맛술을 넣어 뚝배기에서 보글보글 끓입니다. 하루에 한 번 끓이기를 일주일 정도 반복하여 다시마가 물러졌으면 완성.

○ 검은콩조림

콩을 이틀 밤 정도 물에 담가 불립니다. 하루에 한 번 물을 바꿔주는데 너무 자주 갈아주면 콩 색깔이 옅어져 버리므로 주의. 콩이 불면 약불에서 부드러워질 때까지 거품을 건져가며 끓입니다. 거품이 올라오는 동안에는 뚜껑을 열어두었다가 멈추면 다시 덮어줍니다. 콩이 부드러워질 때까지 끓였으면 맛술, 청주, 첨채당을 약간 넣어 간을 맞춥니다. 국물과 함께 병에 채워서 냉장고에 보관.

○ 연근 초절임

연근을 얇게 썰어 식초를 탄 물에 절입니다. 그 식초물 그대로 삶아서 약간 부드럽게 되었으면 첨채당을 넣고 맛이 배어들 때까지 조립니다. 맛을 보고 마지막으로 식초를 조금 더 넣어줍니다.

소고기 타타키

가다랑어 타타키

닭고기 오븐구이

소고기 타타키

"소고기 타타키는 500g 단위의 덩어리 고기로 만듭니다. 저희 부부는 속이 약간 분홍빛이 나는 것을 좋아해요."

올리브오일을 두르고 프라이팬을 달군 후 소고기 덩어리의 전체면을 노릇노릇하게 익혀서 식힙니다. 육수, 간장, 맛술, 청주, 식초를 냄비에 넣고 한소끔 끓인 후 식혀 소스를 만듭니다. 구운 소고기 덩어리(타타키)를 얇게 썰어 접시에 담고 삶은 누에콩을 곁들입니다. 만약에 있으면 얇게 썬 고기 위에 대파, 생강, 양하, 차조기잎 등 그때그때 밭에서 딴 것을 색을 잘 맞춰 얹기도 합니다.

가다랑어 타타키

"가다랑어 타타키는 매년 같은 곳에서 주문해 먹고 있어요. 비린내도 안 나고 맛있어요. 남편도 마음에 들어 하고요. 저는 생선회는 별로라 조금 시식하는 정도만 먹어요(웃음)."

왼쪽) 타타키용 소고기 덩어리. 철프라이팬에 올리브오일을 넣고 달군 다음, 모든 면을 노릇노릇하게 구워줍니다.
왼쪽) 가다랑어는 매년 이 사이즈로 2개 주문. 봄이 끝나갈 때쯤 즐기는 행복입니다.

가다랑어 타타키를 할아버지가 원하는 크기로 잘라둡니다. 텃밭에서 딴 차조기잎, 생강, 양하 등을 잘게 썰어 가다랑어가 안 보일 만큼 듬뿍 올린 다음, 소스를 전체적으로 돌려가며 뿌립니다. "잠깐 나가서 파를 따올 테니까 조금 기다리세요"라며 급하게 밭을 향하는 히데코 할머니.

닭고기 오븐구이

"크리스마스엔 닭 한 마리를 통째로 구워서 손녀에게 보내고 있어요. 같은 방법으로 닭다리나 봉을 구워도 맛있으니까 그런 건 평소엔 만들어 먹죠. 간단히 만들 수 있는 것치고 훌륭하죠?"

닭다리살에 올리브오일을 바르고 소금, 후추를 뿌립니다. 껍질 쪽이 밑으로 가게 오븐팬에 놓고 잘게 자른 무염버터를 그 위에 톡톡 올립니다. 냉동해두었던 작은 감자를 닭 사이사이에 놓습니다. 180도로 예열한 오븐에서 15분 정도 굽고, 뒤집어서 녹은 버터를 뿌려주고 다시 15분 정도 구워줍니다. 오븐에 따라서 구워지는 상태가 다르므로 때때로 상태를 살펴서 노릇노릇해졌는지를 체크합니다. 감자가 구워졌으면 먼저 꺼내두고 녹은 버터를 닭에 끼얹어주면서 노릇노릇해지게 익히면 맛있는 닭고기 오븐구이 완성.

버터는 두께 1cm 정도의 덩어리로 잘라 톡톡 뿌리듯이 닭에 올려놓습니다. 다 구워졌으면 먹기 편하게 뼈를 발라내고 접시에 보기 좋게 담습니다.

카스테라

스위트 포테이토

치즈케이크

레몬타르트

카스테라

○ 재료 (15cm 정사각형 나무 틀 1개분)

달걀…6개   설탕…250g   꿀…1큰술

물…1큰술   박력분…120g

○ 만드는 법

1 나무 틀에 맞춰 오븐시트를 깐다.

2 보울에 달걀과 설탕을 넣고 거품기로 찰기가 생길 때까지 거품을 낸다.

3 체에 친 박력분을 넣고 날가루가 보이지 않을 때까지 섞는다.

4 3을 틀에 붓고 180도로 예열한 오븐에서 5분간 굽는다. 잠깐 틀을 꺼내어 나무젓가락을 이용해 원을 그려가며 반죽 전체를 한차례 섞는다.

5 다시 오븐에 넣어 5분 정도 구운 후, 4와 같은 방법으로 다시 섞고 오븐팬을 뚜껑처럼 씌워 30분 정도 굽는다. 꼬치로 찔렀을 때 아무것도 묻어나지 않으면 다 구워진 것. 다 식으면 틀에서 뺀다.

스위트 포테이토

○ 재료 (30개분)

고구마 … 굵기 5cm, 길이 30cm 정도로 4개

럼주 … 2작은술   달걀 … 1개   생크림 … 200cc   설탕 … 50g

○ 만드는 법

1 180도로 예열한 오븐에서 고구마를 30분 정도 통째로 구워 세로로 반을 자른 다음 속을 파낸다. 고구마가 한 김 식으면 럼주와 달걀을 넣고 덩어리가 없도록 섞는다.

2 생크림에 설탕을 넣고 찰기가 생길 때까지 거품을 낸다.

3 1과 2를 섞어 30개 정도로 나눈 후 배 모양으로 뭉쳐 오븐팬에 올려놓는다. 달걀(분량 외)을 풀어 반죽 윗면에 바른다.

4 180도로 예열한 오븐에서 10분 굽고 상태를 본 다음, 오븐팬의 앞뒤를 바꿔서 다시 10분 정도 굽는다.

손님에게 대접할 케이크 몇 종류를 골라 한 접시에 먹음직하게 담습니다. 이것이 바로 히데코 할머니의 스타일.

치즈케이크

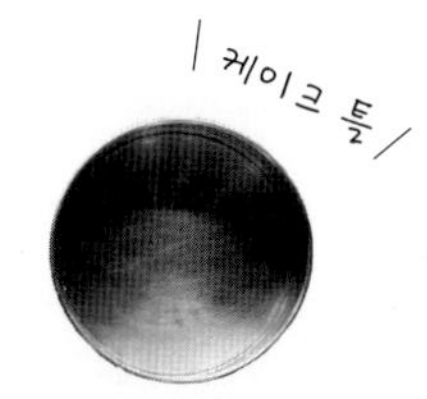

지름 20cm인 케이크 틀은 바닥이 분리되는 것과 일체형이 있습니다. 필요에 맞게 골라서 사용.

○ 재료 (20cm 케이크 틀 1개분)

크림치즈 … 200g   사워크림(클로티드 크림도 OK) … 100g

달걀노른자 … 2개분   설탕 … 50g   달걀흰자 … 2개분

그래뉴당 … 40g   박력분 … 10g   옥수수전분 … 20g

레몬즙 … 1개분   타르트지(만드는 법은 111쪽) … 1개

○ 만드는 법

1 크림치즈와 사워크림을 섞은 후 달걀노른자, 설탕, 레몬즙을 넣고 부드러워질 때까지 섞는다.

2 달걀흰자에 그래뉴당을 넣고 뿔이 설 때까지 거품을 낸다.

3 1에 2를 넣고 거품이 사라지지 않도록 재빨리 섞는다. 박력분, 옥수수전분을 체에 쳐서 넣고 날가루가 보이지 않을 정도로 섞는다.

4 3을 타르트지에 붓고 180도로 예열한 오븐에 넣어 노릇노릇해질 때까지 30분 정도 구운 다음 식힌다.

레몬타르트

○ 재료 (20cm 타르트 틀 1개분)

달걀흰자 … 2개분   슈가파우더 … 약간   타르트지(만드는 법은 111쪽) … 1개

A : 레몬즙(1개분), 설탕(150g), 물(270cc), 달걀노른자(2개분), 옥수수전분(약간)

○ 만드는 법

1 A를 모두 냄비에 넣은 다음 약불에 올려서 끓이고 걸쭉해지면 불을 끈다.

2 약간 식힌 다음 타르트지에 1을 붓는다.

3 달걀흰자에 슈거파우더를 넣고 뿔이 설 때까지 거품을 낸다. 이것을 2 위에 올린 다음 거품이 사라지지 않게 조심하면서 전체적으로 펼쳐준다.

4 180도로 예열한 오븐에서 3~5분간 굽는다. 달걀흰자가 노릇노릇해지면 완성.

지름이 20cm인 타르트 틀. 타르트지를 만들어 냉동해두면 나중에 속을 채우고 굽기만 하면 됩니다.

초콜릿 브라우니

코코아 풍미의 라즈베리롤

가토쇼콜라

초콜릿 브라우니

○ 재료 (20cm 타르트 틀 1개분)

무염버터 … 60g   스위트초콜릿 … 60g   달걀 … 1개   그래뉴당 … 95g   박력분 … 55g

시나몬 가루 … 1/3작은술   호두 … 100g   럼주에 절인 푸룬 … 65g   타르트지 … 1개

○ 만드는 법

1 보울에 버터와 초콜릿을 넣고 중탕으로 녹인다.

2 다른 보울에 달걀과 그래뉴당을 넣고 찰기가 생길 때까지 거품기로 섞은 후, 1을 넣고 다시
   찰기가 생길 때까지 섞는다.

3 체에 친 박력분과 시나몬 가루를 2에 넣고 잘게 썬 푸룬과 호두를 넣은 다음 전체를 섞는다.

4 3을 타르트지 속에 붓고 180도로 예열한 오븐에서 25~30분간 굽는다.

코코아 풍미의 라즈베리롤

○ 재료 (28cm 정사각형 오븐팬 1개분)

달걀노른자 … 4개분   달걀흰자 … 2개분   그래뉴당 … 80g   녹인 버터 … 35g

박력분 … 20g   옥수수전분 … 15g   코코아 … 15g   라즈베리잼 … 적당량

○ 만드는 법

1 보울에 달걀노른자 4개분과 달걀흰자 2개분을 넣고 그래뉴당을 넣은 후, 찰기가 생길 때까
   지 거품기로 섞는다.

2 1에 녹인 버터를 넣고 섞는다.

3 가루류를 체에 쳐서 넣고 날가루가 없어질 때까지 재빨리 섞는다.

4 오븐팬에 오븐시트를 깔고 3을 붓는다. 180도로 예열한 오븐에서 15~20분간 굽는다. 구워
   진 롤케이크 시트가 식었으면 틀에서 빼내 라즈베리잼을 바른 다음, 김발(또는 유산지를 김
   발 삼아)로 말아준다.
   "김발로 말아 하룻밤 놔두면 형태가 잘
   유지되고 맛도 잘 배어들어요."

케이크 2종류에 과일 한천젤리를
곁들인 오후의 손님 접대용 간식.

가토쇼콜라

○ 재료 (20cm 케이크 틀 1개분)

스위트초콜릿 … 125g   무염버터 … 125g   달걀노른자 … 3개분   달걀흰자 … 3개분

박력분 … 50g   그래뉴당 … 125g   슈거파우더 … 적당량

○ 만드는 법

1 틀에 버터(분량 외)를 바르고 박력분(분량 외)을 뿌려둔다.

2 보울에 초콜릿과 버터를 넣고 중탕으로 녹인다. 뜨거운 물에서 꺼내 달걀노른자를 1개분씩
   넣고 그때마다 거품기로 섞는다.

3 다른 보울에 달걀흰자와 그래뉴당을 넣고 뿔이 설 때까지 거품을 낸다.

4 2와 3을 합해서 섞은 다음, 체에 친 박력분을 넣어 섞는다.

5 틀에 붓고 230도로 예열한 오븐에서 10분, 150도로 온도를 내려 20분간 굽는다.

6 식으면 틀에서 꺼내고 작은 거름망(분당채)을 이용하여 슈거파우더를 뿌린다.

기본 타르트지

○ 재료 (20cm 타르트 틀 2개분)

버터 … 125g   설탕 … 25g   소금 … 2.5g

달걀 … 1/2개분   물 … 25cc

박력분 · 강력분 … 각 125g

○ 만드는 법

1 실온에 두어 부드러워진 버터를 보울에 넣고 나무주걱으로 섞어서 부드럽게 만든다.

2 1에 설탕과 소금을 넣고, 버터가 하얗게 될 때까지 섞는다.

3 달걀과 물을 합해서 섞고, 2~3번으로 나눠서 2에 넣어가며 섞는다.

4 박력분과 강력분을 섞어서 체에 친 후에 3과 섞어서 나무주걱으로 전체를 섞어준다.

5 반죽이 한 덩어리가 됐으면 평평한 판 위에 꺼내놓고 가운데로 접듯이 모은다.
   이것을 5번 정도 반복한다.

6 반죽을 두께 3cm 정도로 만들어 랩으로 싼 다음 냉장고에서 3시간 정도 휴지시킨다.

7 반죽을 두께 3mm 정도로 편 다음, 타르트 틀에 깔고 포크로 구멍을 낸다.
   180도 오븐에서 누름돌을 올린 상태로 10분, 누름돌을 빼고 5분 정도 굽는다.

추억의 푸딩

추억의 푸딩

○ 재료 (20cm 케이크 틀(일체형) 1개분)

달걀 … 5개　　달걀노른자 … 5개분

설탕 … 185g　　우유 … 750cc

《캐러멜》 그래뉴당(150g), 물(50cc)

○ 만드는 법

1　캐러멜을 만든다. 냄비에 물과 그래뉴당을 넣고 끓여준다. 끓어올라 갈색이 되기 시작하면 나무주걱으로 섞은 후, 불을 끄고 틀에 부어넣는다.

2　보울에 달걀과 달걀노른자를 넣고 푼 다음, 설탕을 넣어 거품기로 섞는다.

3　우유를 2에 조금씩 넣으며 섞고, 전부 섞였으면 체에 거른다.

4　1의 틀에 3을 붓는다

5　200도로 예열한 오븐에서 중탕으로 30분, 180도로 온도를 내려서 30분~40분간 굽고 오븐을 끈다. 나머지는 잔열로 데운다.

6　한 김 식으면 냉장고에 넣고 하룻밤 식힌다. “딸들이 어렸을 때 자주 만들었던 게 이 푸딩이랑 스위트 포테이토랍니다.”

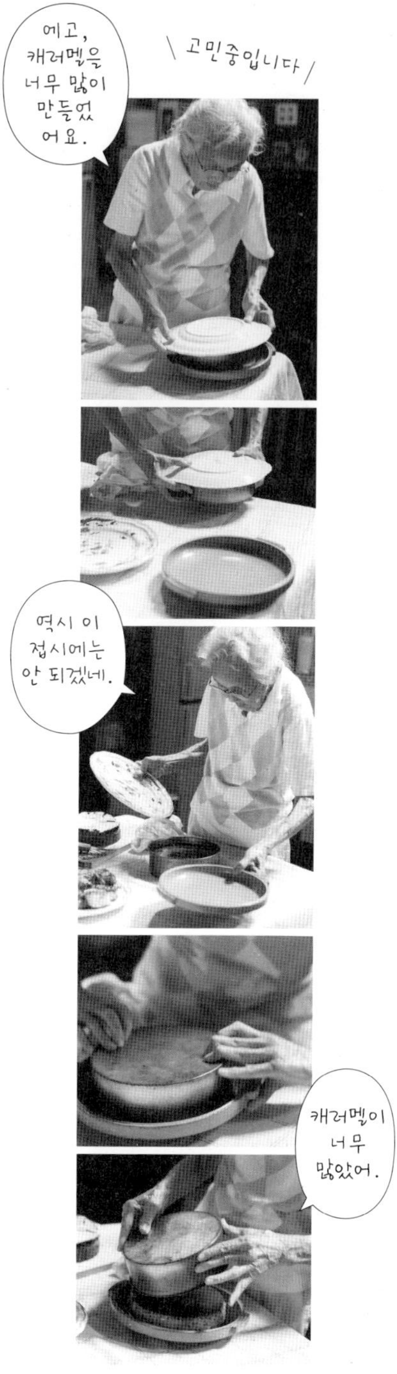

히데코 할머니의 이야기

89세에 다시 방문한 타히티. 그토록 염원했던 슈이치 할아버지의 꿈이 이루어졌습니다. "정말 즐거웠지만 돌아오는 비행기에서는 아내가 너무 보고 싶어서 혼났다"는 슈이치 할아버지. 선물은 바나나 껍질로 만든 커플 모자. (2쪽)

미각의 기억

히데코 할머니는 아이치 현 한다의 양조장에서 태어나 자랐습니다. 그곳에는 많은 장인들이 일했기 때문에 매일 식사로 제공하는 채소 등은 밭에서 직접 길러서 먹었습니다. 학교가 재미없었던 할머니는 학교에서 돌아와 밭에 가는 것을 무척 좋아했습니다.

"처음에는 닭 모이로 줄 채소 잎사귀를 키웠어요. 대부분 장인들이 도와주셨지만, 어떻게 키우는지 자세히 봐두었지요(웃음)."

시간이 지나 큰오빠가 양조장을 물려받았고 할머니는 부모님과 함께 본가를 떠나 이사를 했습니다. 하지만 새로 이사한 곳에서도 가까운 공터에 모종이나 씨를 심고 기르며 밭일에 푹 빠져 지냈다고 합니다. 지금의 텃밭으로 이어지는 할머니와 흙의 애착은 이때부터 생긴 것입니다.

히데코 할머니의 어머니는 당시로써는 매우 드물게 프랑스 요리교실에 다닐 정도
로 무척 요리를 좋아하고 잘하는 분이었어요. 할머니는 어릴 때부터 위장이 약해
서 늘 어머니가 만들어 주시는 몸에 잘 받는 건강한 음식만 먹으며 자랐습니다. 집
에는 독일제 오븐이 있어서 어머니가 빵도 많이 구워주셨어요.
"어릴 때부터 당시엔 귀했던 빵을 먹었어요. 갓 구운 빵은 말도 못하게 맛있었죠.
그때의 행복한 기억 때문에 지금도 아침엔 빵을 먹는 걸지도 몰라요."
결혼한 후에도 그런 식생활의 기억 덕분에 자연스럽게 어머니가 만들어 주셨던
것 같은 요리를 만들어 먹으며 건강을 지켜 온 히데코 할머니.
"바깥에서 파는 것을 먹으면 탈이 났어요. 그래서 직접 만들어 먹었지요. 처음에
는 맛이 없었지만(웃음)."

하나짱과 론짱

딸인 로코 씨와 손녀인 하나코 씨의 이름을 새긴 큰 의자와 작은 의자. 시원한 바람을 맞으며 밭을 바라보기 딱 좋은 포치에 놓아두었습니다.

미각을 전한다는 것

"물건은 없어도 어떻게든 살 수 있어요. 하지만 먹는 것은 제대로 고르지 않으면 안 돼요. 음식은 생명으로 연결되니까" 라고 하시는 히데코 할머니. 두 딸도 직접 만든 음식으로 길렀습니다. 하지만 그때는 남편도 일로 바빴고, 그야말로 사는 데 정신이 없었어요. 지금 생각해보면 아이들에게 이렇게 해줄 걸, 이렇게 할 수 있지 않았을까 하는 후회를 할 때도 있죠. 그래서 손녀가 태어났을 때는 딸들에게 못해 준 것들을 이 아이에겐 다 해줘야겠다고 결심했답니다."

할머니로써 해줄 수 있는 것. 손녀 하나코 씨가 태어났을 때 결심한 것은 회사 일로 바쁜 딸을 도와 음식의 중요성과 새로운 맛의 기억을 하나코 씨에게 전해줘야 겠다는 것이었습니다.

도쿄에 사는 하나코 씨는 언제나 방학이 되면 고조지의 이 외갓집으로 와서 함께

두 분이 손님을 대접하기 위한 테이블을 묵묵히 세팅하고 있습니다. "뭐든지 우리 페이스로 해나가면 되니까 손님은 걱정 말고 앉아 계세요" 라는 히데코 할머니.

생활했습니다. 매일 함께 밥을 먹고 밭일을 도우면서 말이예요.

"하나코가 우리 집에 있는 동안은 그저 칭찬할 일밖에 없었어요. 그건 참 다행이었지요. 그 덕분에 아이가 따뜻한 사람으로 자란 것 같아요."

하나코 씨가 도쿄에 있을 때는 '하나코에게 보내는 택배'에 여러 가지 요리와 간식, 밭에서 수확한 것들을 담아 보냅니다.

"일단 매일 도시락을 싸야 하는데 그 반찬을 만든다는 게 보통일이 아니잖아요. 밭에서 수확한 우엉으로 우엉채조림을 만들거나 다양한 조림을 만든 다음, 냉동해서 냉동 택배로 보내요. 때로 하나코에게서 비프스튜 같은 걸 만들어 달라는 신청이 들어올 때도 있어요. 시간과 노력이 많이 필요한 요리는 꼭 이 할머니가 만들어서 보내주고 싶어요. 케이크도 통째로 냉동해서 그대로 보내버린답니다."

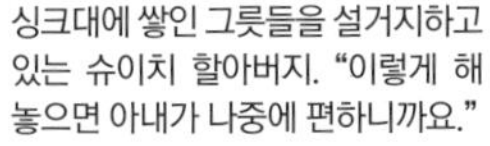

싱크대에 쌓인 그릇들을 설거지하고 있는 슈이치 할아버지. "이렇게 해 놓으면 아내가 나중에 편하니까요."

빨래를 널거나 걷는 것은 슈이치 할아버지의 임무. "남편은 꼼꼼한 사람이라 깔끔하게 널고 개준답니다."

늘 먹는 '할머니의 맛'. 히데코 할머니의 눈으로 직접 확인한 안심할 수 있는 식재료와 흙에서 소중하게 길러낸 채소로 만든 요리는 하나코 씨 혀의 감각도 성장시켜왔습니다.

어느 날 하나코 씨가 "그런데 할머니, 요즘 음식 맛이 좀 진해지지 않았어요?" 라고 물었다고 합니다. 그 시기는 할아버지와 할머니가 70대가 되어 두 분을 취재하러 온 방문객이 늘었을 때였어요. "스텝분들이 젊다 보니까 내가 음식을 만들면서 간을 조금씩 더 진하게 하게 된 거였어요. 그러려고 한 건 아니었는데 말이에요." 히데코 할머니의 맛의 기준이 다음 세대로 확실히 이어지고 있다는 것을 실감할 수 있는 일화였습니다.

더운 여름날의 손님 접대는 깊은 향의 아이스티로. 뜨겁게 우려낸 홍차를 얼음으로 급랭시키면 색까지 고운 맛있는 차를 마실 수 있습니다.

집안일을 하는 게 정말 즐거웠어요

"전 어릴 때부터 엄청나게 낯을 가려서 집에 있는 게 가장 좋았어요" 라는 히데코 할머니. 여학교를 졸업한 후, 도쿄로 가서 타이프라이터 학원과 영어학원에도 다녔지만 직업을 구하지 못하고 다시 한다로 돌아왔습니다. 그 후 진주군이었던 미국인의 집에서 가사 전반을 담당하는 일을 1년 정도 했는데 정말 즐거웠다고 합니다.

"집안일을 하는 게 정말 재미있었어요. 주말엔 파티가 있기 때문에 음식 만드는 것을 도왔고, 다림질이나 침대보 정리, 은그릇 닦기…, 그 모든 것이 새롭고 신선한 경험이었어요. 라자냐 만들기와 아이스티를 맛있게 내리는 법도 그때 알게 된 것이랍니다."

친정은 역사가 오래된 양조장으로 여자아이는 할머니뿐이었어요. 그래서 어떤

말을 들어도 말대꾸를 하지 않고 "예"라고 하는 것이 당연하다고 배우며 자랐습니다.

"남자에게 불평한다는 것은 생각도 할 수 없는 일이었어요. 게다가 장사꾼 집안의 가정교육이라고 할까, 나보다 늘 남을 더 배려해야 하고, 나만 이익을 얻는 것은 나쁘다고 배웠어요. 그래서 가족을 위해서 집안일을 하는 것은 당연하다고 생각했고 그게 또 내 성격과도 맞았던 것 같아요."

결혼 후부터는 자신의 감각과 감을 믿고 하고 싶은 것들을 하나하나 시도해왔습니다.

"남편은 내가 하려는 것에 대해 안 된다고 한 적이 한 번도 없어요. 단, 즐겁지 않으면 그만두라고 했어요. 그렇게 내가 하고 싶은 대로 할 수 있게 해줘서 정말 고

여름 해 질 녘에 포치에 풍로를 꺼내놓고 옥수수를 굽고 있습니다. 천천히 달콤하게 구워내는 것은 슈이치 할아버지의 장기.

큰 접시에 보기 좋게 올려놓고 먹습니다. 따끈따끈 달콤하게 구워진 옥수수에 끊임없이 손이 가더니 어느새 접시가 깨끗.

마웠어요. 돈은 남편이 벌어서 잠깐 맡긴 보관물이라고 생각했지 한순간도 내 것이라고 생각한 적은 없어요. 그래서 식재료에 돈은 썼지만 검소하게 살았습니다. 제 물건은 거의 사지도 않았고요.”

“요즘 사람들은 정말 바쁘죠. 딸이 둘 있는데 모두 늘 바쁘게 일하고 있어요. 그러니 집안일을 좀 도와주는 사람이 있으면 참 좋지 않겠어요? 할머니는 그런 역할을 해주는 거예요”라며 히데코 할머니가 웃습니다. 떨어져서 살고 있기 때문에 도울 수 있는 것은 대부분 세끼 식사와 관련된 것입니다.

“가족의 건강은 매일 먹는 음식으로 정해지니까 만약에 가족 중 누군가가 몸이 안 좋아지면 내 책임인거예요”라고 생각하는 히데코 할머니. 오늘도 애정이 듬뿍 담긴 맛있는 요리를 열심히 만들어 손녀 하나코 씨에게 보냅니다.

1. 고조지 뉴타운 전경이 한눈에 보이도록 고지대에 지은 집. 기분 좋은 바람이 불어옵니다. 2. 정원의 잡목림부터 공원의 나무들까지 한 세트처럼 보이는 풍부한 초록빛. 사계절 내내 눈과 마음을 평온하게 만들어줍니다.

애용하는 조미료

조미료는 육수 다음으로 맛을 결정하는 중요한 요소. 하나하나 정성껏 골라서 써보고 마음에 드는 좋은 것을 찾을 때까지 반복합니다. 히데코 할머니의 맛을 향한 탐험정신은 앞으로도 계속될 것입니다.

1	3	5
2	4	6

1. 튀김에는 바삭하게 튀겨지는 유채유, 조림에는 풍미가 깊은 참기름, 그 외의 요리에는 올리브오일이나 포도씨유를 씁니다. 2. 간장은 아주 오래전부터 가도쵸 간장을 사용합니다. 슈이치 할아버지가 신뢰하는 오랜 전통을 가진 회사. 3. "저는 럼주를 참 좋아해요. 과자를 만들 때 조금씩 사용하고 있어요." 4. 후지식초와 와인비네거. "같은 신맛이라도 비네거가 더 부드러워요. 초밥이나 잼, 과자를 만들 때 사용합니다. 후지식초는 오이 초간장무침 등에 강한 신맛을 더하고 싶을 때 사용해요." 5. 맛술과 메이플시럽. "최근엔 맛술 대신 메이플시럽을 사용해봤어요. 맛술보다 산뜻하더라고요." 우엉채볶음이나 연근볶음 등에 넣어줍니다. 6. "10년 산(오른쪽)은 식전주로 마시고 5년 산(왼쪽)은 요리용으로 씁니다. 요리용은 가쿠니나 챠슈를 만들 때 사용합니다."

최근 소금 없는 생활을 시작하면서 소금을 거의 쓰지 않습니다. 하지만 손녀에게 보낼 요리나 손님을 대접할 때는 프랑스산 소금을 씁니다. 일본 굵은소금을 쓸 때도 있습니다.

순한 단맛의 일본 고급 설탕 와산본은 구리킨톤에 사용하거나, 과일 한천젤리에 솔솔 뿌립니다. 그 이외의 요리에는 미네랄이 풍부한 첨채당(사탕무 설탕)을 사용하는 경우가 많습니다.

된장은 백된장, 홍국된장, 적된
장 3종류를 섞은 것을 사용. "저
는 한다에서 태어났기 때문에 역
시 적된장을 좋아해요. 그런데
요즘엔 된장국을 조금 밖에 안
먹어서 거의 줄어들지 않네요."

돈까스소스와 날치육수는 〈한
다목장〉의 것. 우리 집에서 허
용된 약간의 짠맛이므로 신뢰
할 수 있는 회사의 물건을 구입
합니다. 토마토퓌레는 원래 집
에서 만들지만 없을 땐 유기농
제품을 사용합니다.

뭐 맛있는 게 있나? 아기 고양이 한 마리가 정원
에서 들여다보고 있습니다.

밭 한쪽 구석에 죽 세워놓은 비료 통. 여름에 시든 풀들도 이곳에 넣습니다. 화
학비료를 전혀 사용하지 않는 츠바타하우스의 텃밭. 소중하고 소중한 비료가
여기에서 만들어집니다.

텃밭이 있어 걱정할 게 없어요

고조지로 이사해 텃밭을 갖게 된 뒤로는 불안과 걱정이 싹 사라졌다는 할머
니. 이것만 있으면 적금 같은 게 없더라도 어떻게든 살 수 있겠다는 생각이 들
었다고 해요.

"밭이 흙을 잘 성장시켜주고 있는 것 같아요. 채소도 텃밭을 시작했던 당시보다 지
금이 훨씬 맛있게 자라고 잡목림도 아주 훌륭해졌어요. 해마다 죽순이 자라고 수
많은 낙엽이 비료가 되어주고 기분 좋은 바람을 보내준답니다. 이런 멋진 사치를
세상 어디에서 누려보겠어요. 저는 이런 우리집 환경이 참 좋아요."

유산으로 많은 돈을 남겨줄 수는 없지만 이런 밭과 잡목림을 소중하게 관리해서
손녀인 하나코에게 남겨주고 싶다며 할머니는 미소 짓습니다.

밭과 집이 마치 커다란 요트라도
되듯이 중앙에 세워놓은 깃대. 계
절에 따라 바뀌는 여러 가지 깃발
이 바람에 나부끼고 있습니다.

할머니의 양말

양털실로 짠 히데코 할머니의 양
말과 목도리. 신세를 진 분들에
게 감사의 마음으로 보내고 있
습니다. 하루에 한 시간, 할머니
의 뜨개질은 오늘도 계속됩니다.

면도
텃밭에서
재배할 수
있답니다.

면화를 수확하고

씨를 빼면

츠바타하우스의
코튼

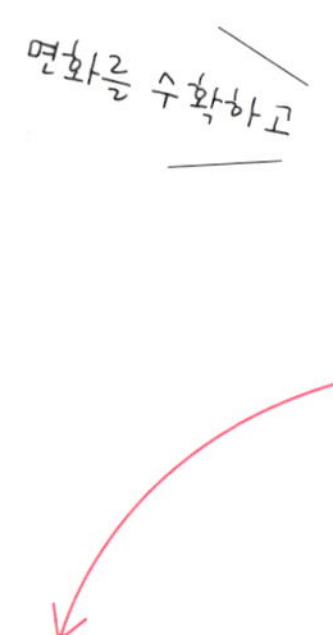

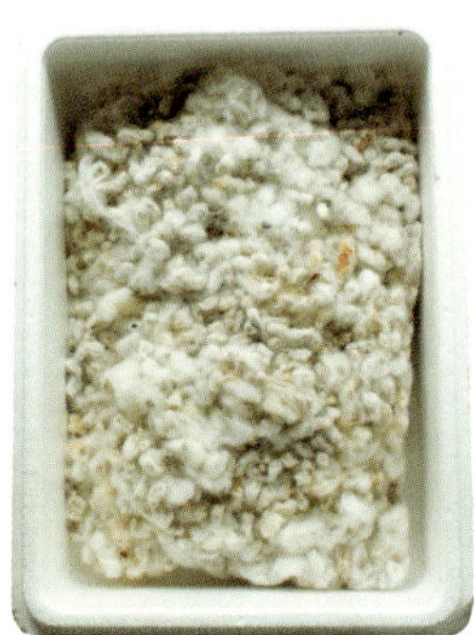

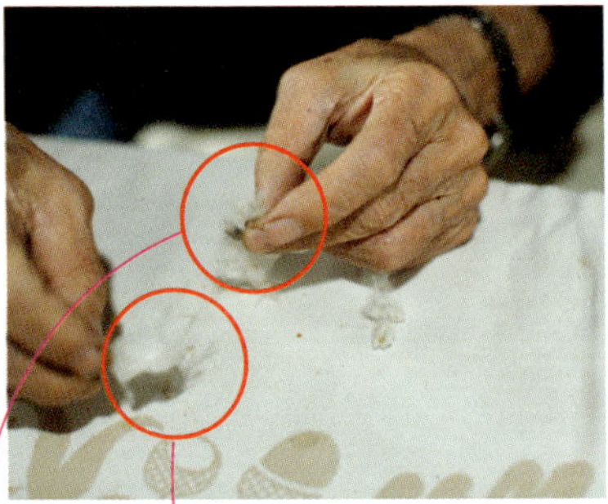

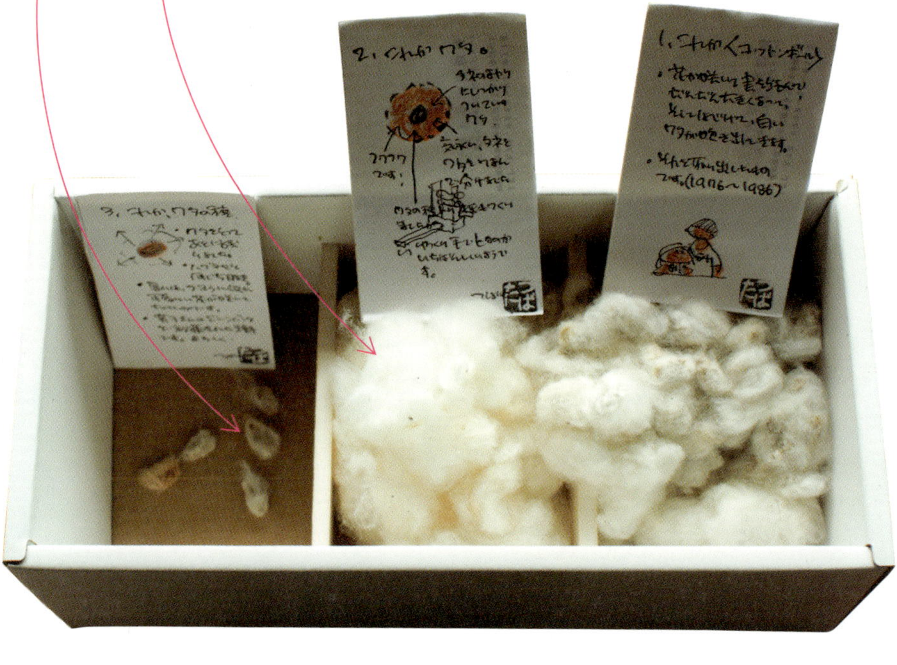

양털로 만든 털실 뭉치

"야마나시에 사는 조카딸이 원모를 뽑아
서 보내줘요. 그걸로 뜨개질을 하거나
길쌈을 하지요. 자연 그대로라서 색이
고르지 않지만 그것대로 좋지 않나요?"

"물레를 돌리고 싶다고 해서 오래
된 것을 빌려왔어요." (사진 앞쪽)
안쪽에 있는 수레바퀴같이 생긴 부
분으로 뜨개질하기 편한 털실이 만
들어집니다.

베틀로 짠 목도리

넓은 거실 겸 침실을 지나 텃밭으로 나가기 전에 히데코 할머니의 베틀 방이 있습니다. "조카딸이 직접 손으로 뽑은 털실을 보내줍니다. 그래서 고마운 분들에게 목도리를 짜서 선물하고 있어요. 작년에는 100개 정도 짰던가? 이제 기억도 안 나네(웃음)."
츠바타하우스의 감사의 마음은 돈으로 사는 물건이 아니라 이런 형태로 표현되고 있습니다.

히데코 할머니의 양말은
이렇게 만들어요.

여학생 때 배운
뜨개질

뜨개질의 흐름

1

양말목부터 원통형으로
뜨기 시작한다.

2

발꿈치 부분을
왕복으로 뜬다.

3

원통형이 되도록
코를 주워간다.

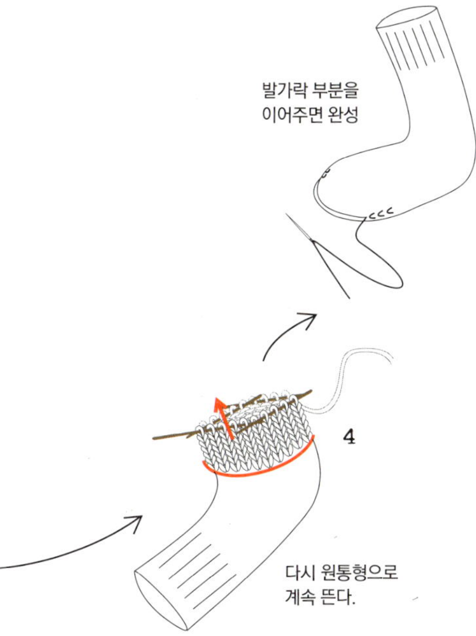

"여학생 때 뜨개 방법을 알려주고, 교복 다림질 대신 이불 밑에 깔고 자는 걸 알려준 사람이 함께 살았던 가정부 언니였어요. 이 양말을 뜨는 법도 그때 배웠답니다. 이 방법 하나로 지금까지 계속 뜨개질을 해왔어요."

구멍이 나도 기우면 그만

"우리집은 겨울이 춥고 바닥이 차가워요. 그래서 털실로 짠 양말이 필수
품이랍니다. 오신 손님도 슬리퍼 대신 신을 수 있도록 겨울 동안에 여러
켤레를 떠 둔답니다" 라는 히데코 할머니.
매일 룸슈즈로 신기 때문에 필연적으로 발뒤꿈치나 발가락이 터지기 마
련. 하지만 걱정 없습니다.
"아무 상관 없어요. 비슷한 털실로 기워주면 되니까. 자 봐요, 다시 신을
수 있게 되었죠?"

1 구멍에서 약간 떨어진 곳에서부터 비슷한 털실로 뜨개코를 따라 세로 방향으로 촘촘히 꿰맵니다.

4 이번에는 가로 방향으로 촘촘히.

2 되돌아가서 다시 촘촘히 꿰매는 것을 반복합니다.

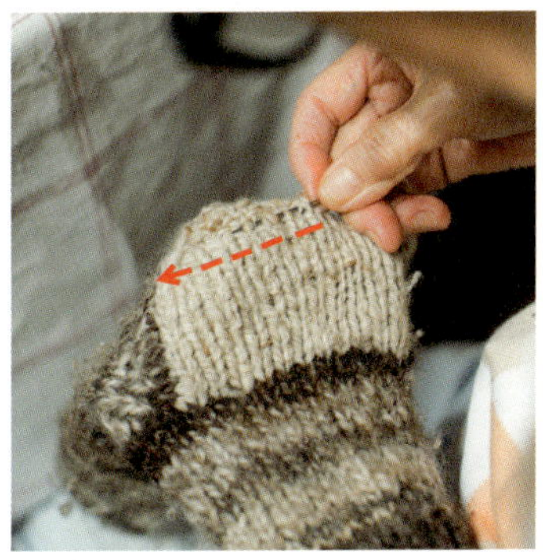

5 이쪽도 되돌아가서 촘촘히. 1코씩 엇갈리도록 실을 건넵니다.

3 구멍의 반대쪽에서 약간 떨어진 곳까지 털실을 댑니다.

히데코 할머니의
양말 만드는 법

○ 뜨개법

실은 1가닥으로 뜹니다.

1 대바늘뜨기의 감아코로 시작코 40코를 만들어 고리를 만들고, 1코 고무뜨기를 25단 합니다.

2 이어서 메리야스뜨기로 옆면을 16단 뜹니다.

3 발꿈치는 20코씩 나눠서 한쪽은 계속해서 코줄임을 하면서 메리야스뜨기로 평뜨기(왕복뜨기) 24단을 뜹니다. 남은 20코는 쉼코로 둡니다.

4 이어서 발등쪽과 발바닥쪽을 뜹니다. 바늘에 걸려 있는 발뒤꿈치의 10코부터 이어서 뜹니다만, 발뒤꿈치 옆에서 12코, 쉼코에서 20코, 다시 한번 발뒤꿈치 옆에서 12코를 줍고 1번째 단을 원형으로 떠서 54코로 늘립니다.

5 도안을 참고하여 4군데를 코줄임하면서 메리야스뜨기를 9번째 단까지 뜹니다. 계속해서 코증감 없이 45번째 단까지 뜬 후, 발가락 끝부분을 4군데 코줄임하면서 52번째 단까지 뜹니다.

6 남은 8코끼리 메리야스잇기로 실 처리를 합니다. 같은 방법으로 다른 한 짝을 뜨면 완성.

○ 완성 사이즈

발바닥 약 22cm (발 사이즈 22~24cm)

양말길이 약 26cm

○ 게이지

16코 × 26cm = 10cm

○ 재료와 도구

극태사 정도의 수방사 약 180g

8호 대바늘 4개 세트, 털실용 돗바늘, 가위 등

○ 사이즈와 게이지는 기준입니다. 히데코 할머니가 사용하는 실은 손으로 뽑은 것이라 굵기에 각각의 차가 있습니다. 그래서 양말도 뜰 때마다 조금씩 크기가 다른데 그것도 독특한 멋이지요. 원하는 사이즈가 될 때까지 단수를 조절하면서 뜨개질을 해보세요.

도안/다마 스튜디오

도안

※ ◎와 ●를 맞대고 메리야스잇기로 연결한다.

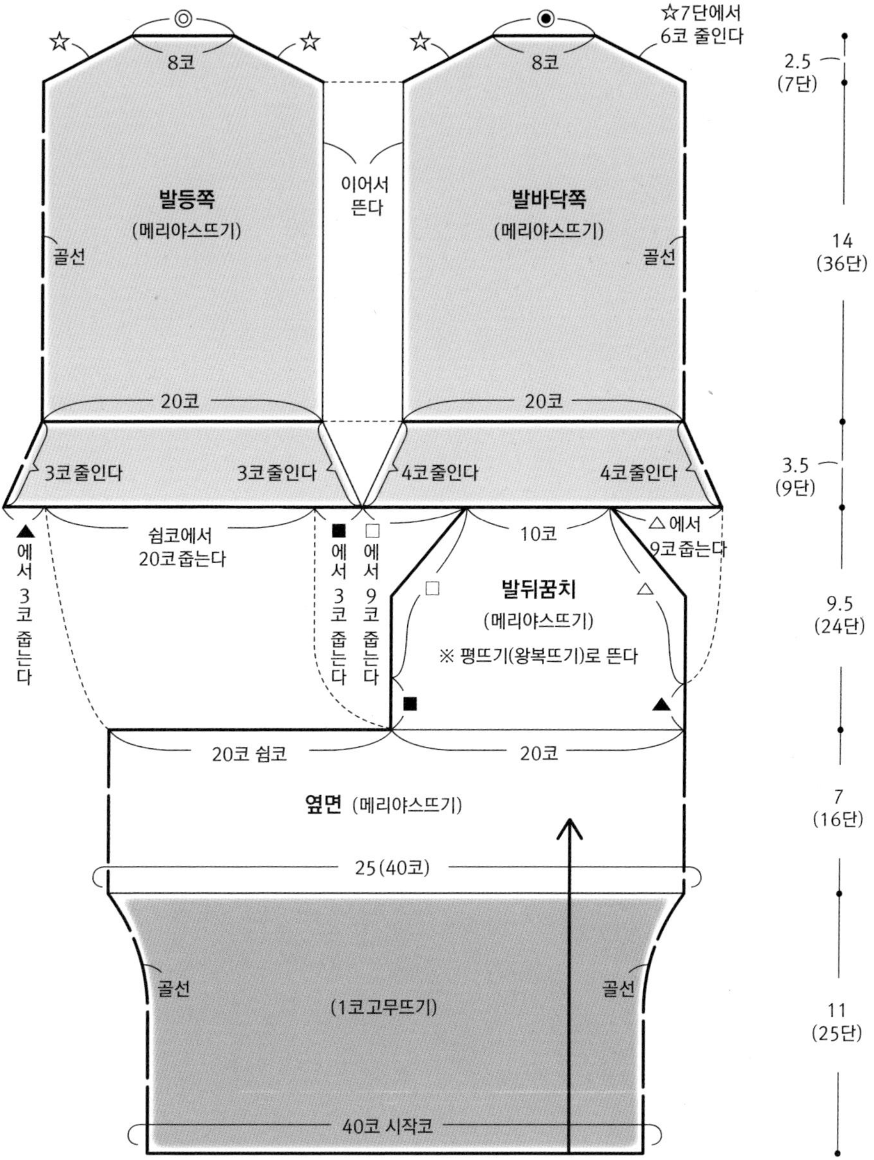

☆7단에서
6코 줄인다
8코
8코
☆
☆
☆
발등쪽
(메리야스뜨기)
발바닥쪽
(메리야스뜨기)
이어서
뜬다
골선
골선
20코
20코
3코줄인다
3코줄인다
4코줄인다
4코줄인다
쉼코에서
20코줍는다
■
□
□
△
△에서
9코줍는다
10코
에서 3코 줍는다
에서 3코 줍는다
에서 9코 줍는다
발뒤꿈치
(메리야스뜨기)
※ 평뜨기(왕복뜨기)로 뜬다
■
▲
20코 쉼코
20코
옆면 (메리야스뜨기)
25(40코)
골선
골선
(1코고무뜨기)
40코 시작코
2.5
(7단)
14
(36단)
3.5
(9단)
9.5
(24단)
7
(16단)
11
(25단)
단위 = cm

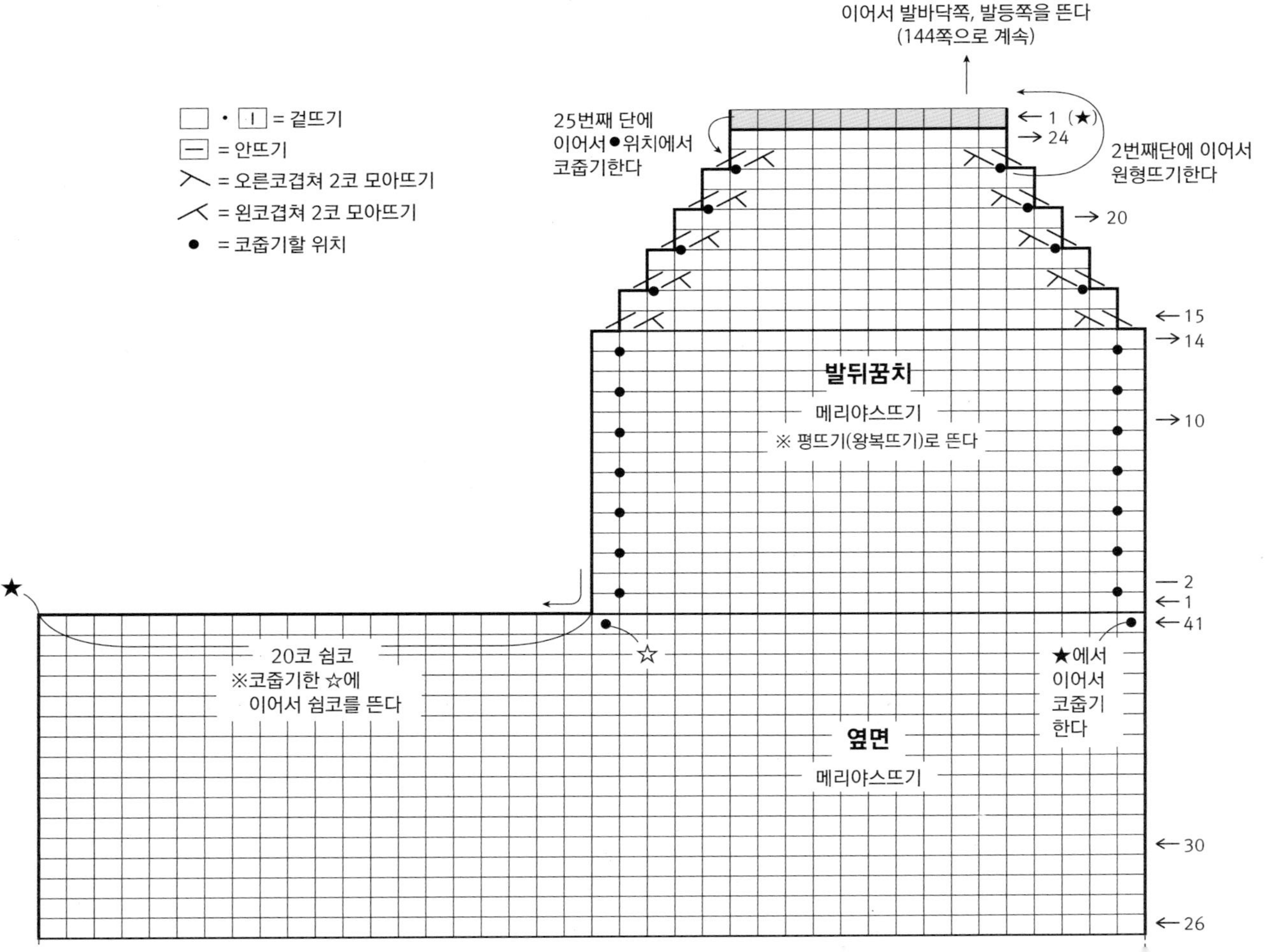
142
이어서 발바닥쪽, 발등쪽을 뜬다
(144쪽으로 계속)
□ · I = 겉뜨기
— = 안뜨기
人 = 오른코겹쳐 2코 모아뜨기
人 = 왼코겹쳐 2코 모아뜨기
● = 코줍기할 위치
25번째 단에
이어서 ● 위치에서
코줍기한다
← 1 (★)
→ 24
2번째단에 이어서
원형뜨기한다
← 15
→ 14
→ 20
→ 10
발뒤꿈치
메리야스뜨기
※ 평뜨기(왕복뜨기)로 뜬다
— 2
← 1
← 41
★에서
이어서
코줍기
한다
☆
20코 쉼코
※코줍기한 ☆에
이어서 쉼코를 뜬다
★
옆면
메리야스뜨기
← 30
← 26

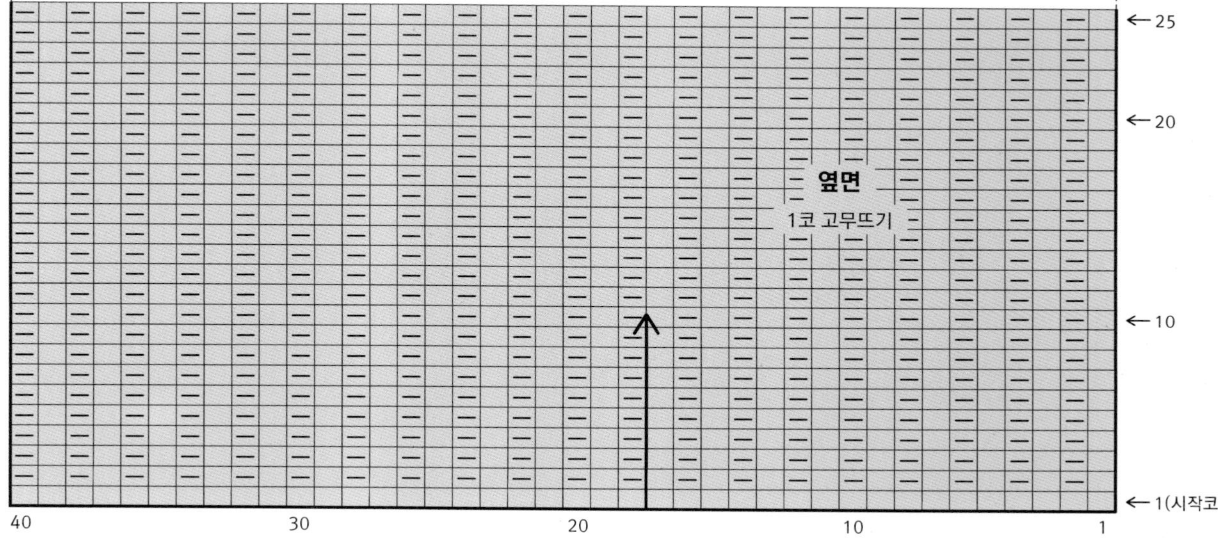

옆면에서
발뒤꿈치까지 뜨는 법

※ ◎와 ●를
메리야스잇기로 연결한다.

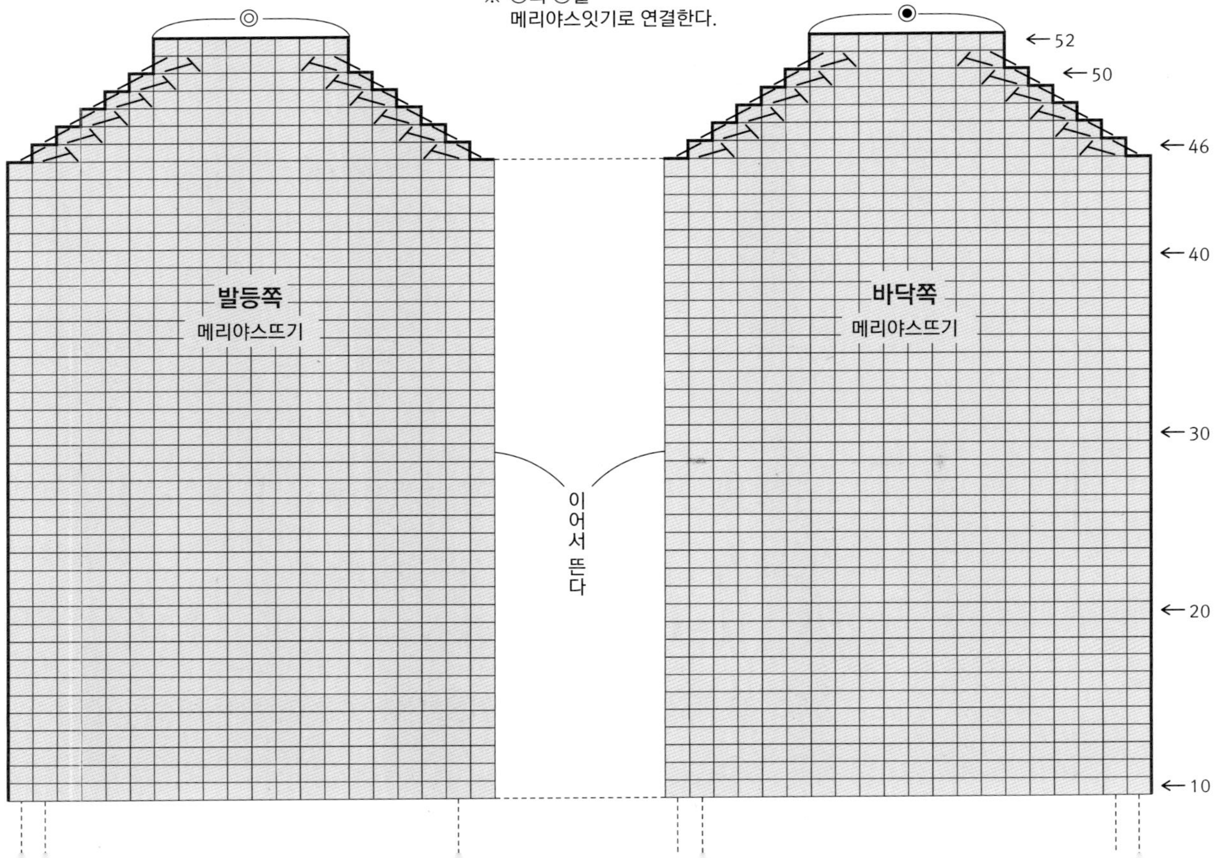

발등쪽
메리야스뜨기

바닥쪽
메리야스뜨기

이어서 뜬다

←52
←50
←46
←40
←30
←20
←10

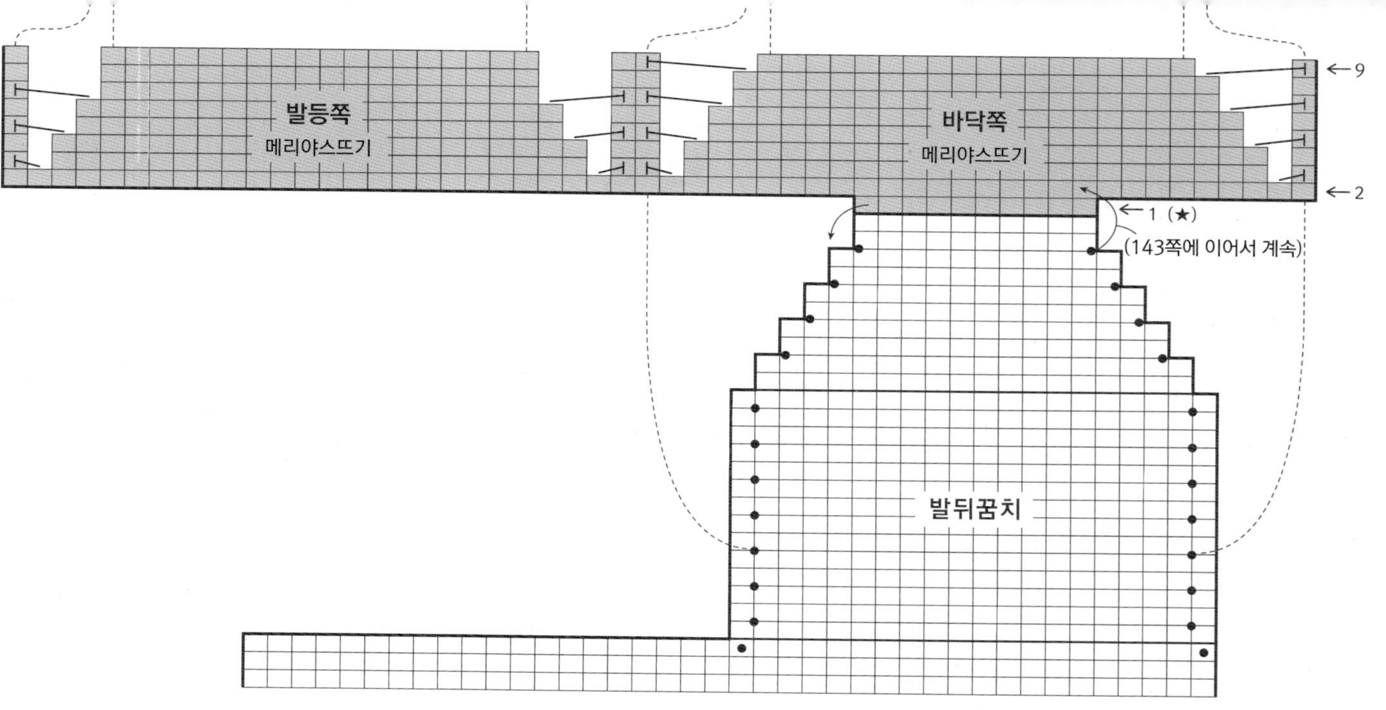

발뒤꿈치에서
발등, 발바닥까지 뜨는 법

물건에 대한 생각이
전혀 다른 두 사람

손녀 하나코를 위한 저금통

새로 구입한 냉동고 위에 돼지 저금통이 놓여있습니다. 손녀 하나코를 위해서 500엔짜리 동전을 모으는 곳입니다. "돈이 모자랄 땐 여기서 꺼내 써요. 그랬더니 지금은 텅텅 비어 있어요(웃음). 그러다 보니 돈이 전혀 안 모여."

흰색 스니커즈

"남편은 돈 걱정 같은 건 평생 해본 일이 없을 거예요, 분명. 아마 집안 살림이 어떻게 돌아가는지 잘 몰랐을 거예요. 결혼 초기에 한 번 돈 이야기를 했더니 남편의 얼굴에 너무 그늘이 지더라고요. 그래서 저도 그 이후로는 일체 돈 얘기는 안 했으니까요"라고 초연하게 말하는 히데코 할머니.

"저는 집안일로는 필요한 걸 샀지만 내 물건은 거의 안 샀어요. 오늘 입은 이 옷도 딸한테 물려받은 거예요(웃음). 그런데 남편은 옛날부터 우리 능력 이상의 일을 벌이니까 말이야. 월급이 4만 엔이던 시절에 70만 엔짜리 요트를 샀으니 말 다했지요, 뭐. 그런데 처음에는 놀랐지만 지금 생각하면 그것도 나쁘지만은 않았어요. 나에게도 아이들에게도 요트와 관련된 수많은 추억이 생겼으니까요."

어릴 때부터 돈을 보지 않고 생활해왔습니다.

"팬티가 5장, 내의는 3장. 설날이 되면 새것을 사주셨죠. 교복 외에 옷은 한두 개면 충분했어요. 양조장이라고 하면 잘 살았을 거라고 생각하지만 무척 검소했어요. 어머니가 아주 알뜰하셨거든요."

남자가 하는 일에는 참견하는 것이 아니라고 배워왔던 히데코 할머니. 결혼했을 때 친정에서 가져온 약간의 기모노와 보석을 처분하고, 가져온 돈을 조금씩 허물어 가계를 꾸려나가며 어떻게든 그때그때 참고 견디어왔습니다.

"뭐, 익숙해지면 어떻게든 꾸려나갈 수 있어요. 저희집은 세상 사람들이 하는 걸 아무것도 안 하니까요. 흔한 적금도 보험도 아무것도 없어요. 그래서 건강해야만 해(웃음)."

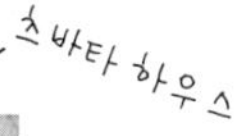

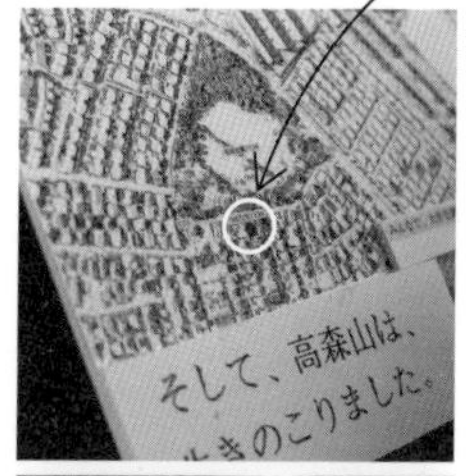

녹음 우거진 공원이 내려다보이
는 위치에 세워진 츠바타하우스.
고조지 뉴타운을 만들 때의 자료
도 소중하게 보관하고 있습니다.

91세에 의뢰받은 설계일

91세에 의뢰받은 설계 작업은 규슈의 한 병원.
"난 병원의 직선 복도가 싫어요"라는 슈이치 할아버지.
"걸으면서 기분이 좋아질 만한 복도를 중심으로 설계해야겠어요."

그런 할머니이기에 한 번 자기 것이 된 것은 무척 소중하게 사용합니다. 원래는 흰 색이었을, 오래 신어 색이 바랜 스니커즈도 그중 하나였습니다.

이것을 본 할아버지는 딸에게 부탁해서 같은 것을 준비, 크리스마스에 할머니에게 선물로 주었습니다. "물건은 필요 없다고 했는데도 말이에요, 글쎄"라는 히데코 할머니.

"아내가 신고 있던 것이 워낙 오래된 것이다 보니 똑같은 것이 없더라고요. 그러다가 겨우 이것을 구했어요. 꼭 선물하고 싶어서 말이지." 신발 깔창에는 할머니에게 전하는 메시지도 적어 넣었습니다.

"겨울엔 양말을 두 개 신기 때문에 안 들어가요(웃음). 여름이 되어야 신을 수 있겠어요"라는 할머니. 두 사람의 대화는 언뜻 들으면 무심한 듯 들리지만 언제나 서로를 챙기고 있다는 것을 느낄 수 있습니다.

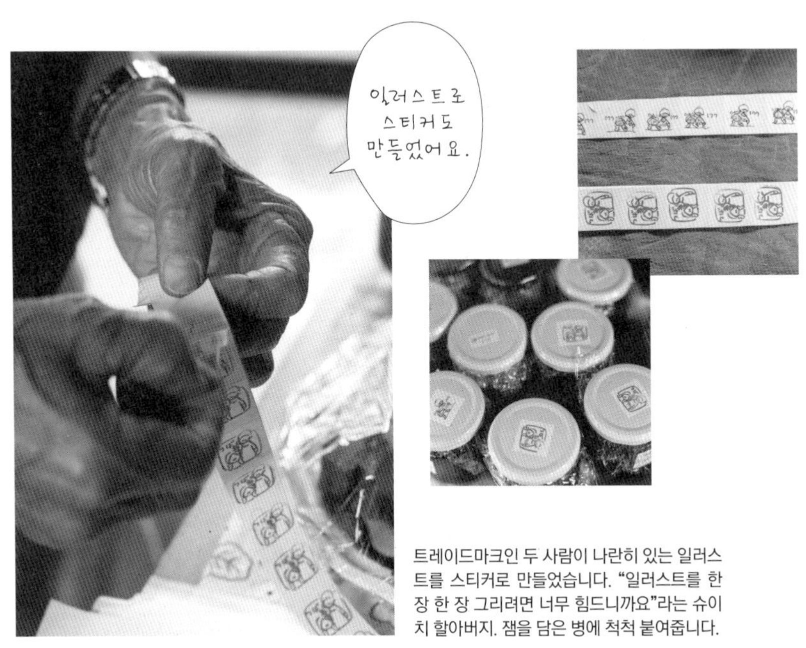

트레이드마크인 두 사람이 나란히 있는 일러스
트를 스티커로 만들었습니다. "일러스트를 한
장 한 장 그리려면 너무 힘드니까요"라는 슈이
치 할아버지. 잼을 담은 병에 척척 붙여줍니다.

오늘 중에 반드시 끝내야 하는 것은 없다

손님 접대가 끝난 후, 손님들이 정리를 도우려고 하면 반드시 "그냥 두세
요. 나머지는 내가 하면 되니까" 라고 히데코 할머니는 말씀하십니다. 다
먹은 그릇과 조리했던 냄비 등 설거지가 너무 많은 것 같다며 걱정하는
사람들에게 "오늘 중에 다 안 끝내도 괜찮아요. 조금씩 할 거니까 걱정 마
세요" 라며 웃는 얼굴로 대답합니다.

뜨거운 물이 나오지 않는 이 부엌에서는 할머니만의 순서가 있습니다.
일단 설거지통에 물을 담고 약간의 세제(비누)를 풀어놓습니다. 그릇을 넣
어 닦은 후 헹궈줍니다. 그사이에 뜨거운 물을 끓여서 그 물로 다시 한번
헹굽니다. 마지막으로 물기를 닦아내고 식기장에 정리하는 일련의 작업
을 본인의 방식대로 진행하는 것이 할머니에게도 마음이 편한 것입니다.

정원에 피어 있는 수선화를 꺾어서 장식. 아무리 바빠도 그때그때의 꽃을 장식하는 것을 빼놓지 않습니다.

"한꺼번에 다 하려고 하니까 하기 싫어지는 거예요. 내일 해도 괜찮다고 생각하면 마음이 편해지잖아요. 요즘은 거의 그런 마음으로 살고 있어요."

뜨개질과 길쌈은 하루에 한 시간, 식탁보 다림질도 한꺼번에 많이는 하지 않습니다. 텃밭 풀 뽑기도 '오늘은 한 고랑만' 식으로 정해놓고 슬슬 하려고 합니다.

정리도, 밭일도, 요리도 그렇습니다. 오늘 중에 다 끝내려 하지 않고 조금씩 하는 것이 오히려 일을 잘하는 지름길입니다.

"뭐든지 즐겁게 한다! 가 슈이치 할아버지의 신조거든요" 라는 히데코 할머니. 자기 나름의 속도로 즐기면서, 오늘도 집안일을 깔끔하게 해내고 있습니다.

"늘 만들던 푸딩 대신 다른 레
시피로 만들어봤어요." 시험 삼
아 만들어 본 핫케이크가 맛있
었기 때문에 같은 요리연구가
의 레시피로 이번에는 푸딩에
도전. "항상 큰 틀에 구웠는데
오늘은 작은 사이즈로 해봤어
요. 어떨까 모르겠네."

멈추지 않는 탐구심

자신의 직감과 미각을 믿고 식재료를 고르며 매일매일 요리를 만들어 온 할머니.
하지만 아직도 어떻게 하면 더 맛있게 만들 수 있을까, 이것을 시도해보면 어떨까
하는 생각을 늘 하고 있다고 합니다. 맛이 궁금한 레시피를 발견하면 여러 번 만들
어서 맛이 있는지, 늘 같은 맛으로 만들어지는지를 확인합니다.

또 책이나 텔레비전에서 추천하는 조미료가 있으면 일단 써본 다음, 마음에 들면
계속 사용합니다. 오랜 시간 익숙해진 레시피와 식재료에 너무 집착하지 않고 새
로운 정보를 유연하게 받아들이고 있습니다.

"조릴 때 넣는 설탕을 약간 적게 넣어봤어요."

"평소엔 오븐에서 굽는데 찌면 어떻게 될까 궁금해서…."

딸 로코 씨가 선물한 요리책을 보다가 맛있게 보여 만들어 본 새우춘권. 레시피는 참고했지만 마는 방법은 할머니 스타일대로. "제 평소의 입버릇이 '적당히' 랍니다(웃음)."

"오븐이 너무 오래됐어요. 주방 전체를 새롭게 바꾸고 싶어요."

끊임없이 하고 싶은 일을 이야기하는 할머니. 할아버지를 위해 소금을 뺀 식사를 만들게 되면서 요리에 대한 탐구심이 다시 솟아오른 것 같습니다.

그 외에도 자수를 다시 시작하려고 하신대요. 전에 흰실 자수를 배워서 작품을 꽤 만들다가 흰실이라 잘 안 보인다는 이유로 소원한 상태였어요. 하지만 손녀인 하나코가 결혼할 때 선물하고 싶다는 생각에 의욕이 다시 샘솟았습니다. 매일 조금씩의 정신으로 이제부터 하나하나 만들어서 모아두기로 했다고 합니다.

늘 미래를 바라보며 나아가는 열정. 이것이야말로 히데코 할머니의 건강의 원천이라 말할 수 있을 것입니다.

파인애플 업사이드다운 케이크

○ 재료 (20cm 케이크 틀 1개분)

말린 파인애플 … 적당량   그래뉴당 … 100g   물 … 35cc   무염버터 … 40g

달걀 … 3개   설탕 … 100g   녹인 버터(무염) … 40g

A : 박력분 (80g), 옥수수전분 (20g), 베이킹파우더 (1작은술)

○ 만드는 법

1 냄비에 그래뉴당, 물을 넣고 캐러멜을 만들어 틀에 넣는다.
   굳은 다음, 그 위에 버터를 바른다.

2 말린 파인애플을 1 위에 놓는다.

3 보울에 달걀, 설탕을 넣고 거품기로 찰기가 생길 때까지 거품을 낸 다음,
   녹인 버터를 넣고 섞는다.

4 3에 **A**를 체에 쳐서 넣고 날가루가 보이지 않을 때까지 자르듯이 섞은 다음,
   2 위에 붓는다.

5 200도로 예열한 오븐에서 10분, 180도로 내려서 15분간 굽는다.

말린 파인애플은 38쪽과 같이 파인애플을 햇볕에 말려서 만듭니다. 말린 파인애플이 없을 때는 파인애플을 얇게 자른 다음, 버터로 볶아 수분을 날려서 사용합니다.

크리스마스 후르츠케이크

○ 재료 (22 × 10 × 7cm 파운드 틀 1개분)

설탕 ··· 130g   달걀 ··· 2개   달걀노른자 ··· 1개분   녹인버터(무염) ··· 135g

호두 ··· 40g   럼주에 절인 푸룬 ··· 100g

각종 말린 과일(망고, 파인애플 등) ··· 적당량

A : 박력분 (170g), 베이킹파우더 (2/3작은술), 계피가루 · 넛맥 각각 (각 1/2작은술)

○ 만드는 법

1   틀에 버터(분량 외)를 바르고, 밀가루(분량 외)를 뿌린다.

2   보울에 설탕, 달걀, 달걀노른자를 넣고 하얗고 찰기가 생길 때까지 거품을 낸다.

3   **A**를 합쳐서 체에 친 다음 호두, 럼주에 절인 푸룬, 말린 과일을 넣고 섞는다.

4   2에 버터를 넣고 섞은 다음, 거기에 **3**을 넣고 나무주걱으로 자르듯이 섞는다.

5   **4**를 틀에 붓고 180도로 예열한 오븐에서 35분 정도 굽는다.

    한 김 식으면 랩으로 싼 다음, 냉장고에서 휴지시킨다.

6   열흘 정도 지나야 딱 먹기 좋은 상태가 된다.

열흘 정도 후에 잘라야 조직이
치밀해집니다. 사진은 잘못해
서 뜨거울 때 자른 것.

시작코 만들기와
뜨개기호 뜨는 법

시작코 만들기

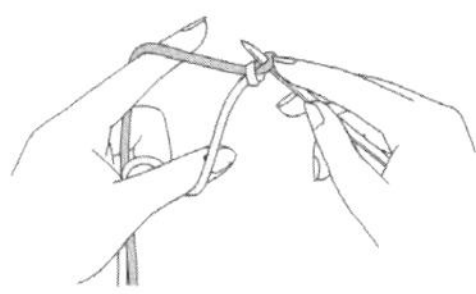

1 실 끝에서 편물의 폭의 3~4배를 남긴 부분에 매듭을 만들고 사이에 바늘을 넣는다. 왼손의 엄지와 검지에 그림과 같이 실을 걸고 매듭을 당겨서 조인다.

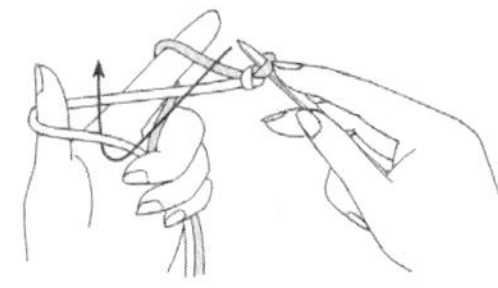

2 오른쪽 검지로 바늘에 걸려있는 매듭을 누르고 왼손 엄지에 건 실을 화살표와 같이 걸어 올린다.

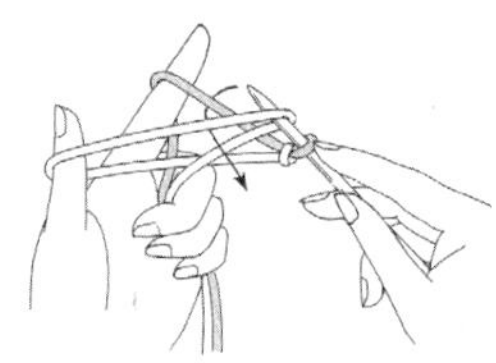

3 검지에 걸린 실을 바늘에 걸고 화살표와 같이 고리에서 당긴다.

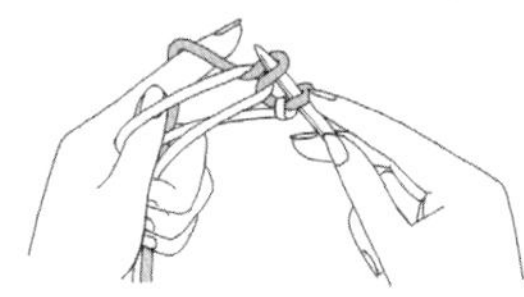

4 엄지의 실을 뺀다.

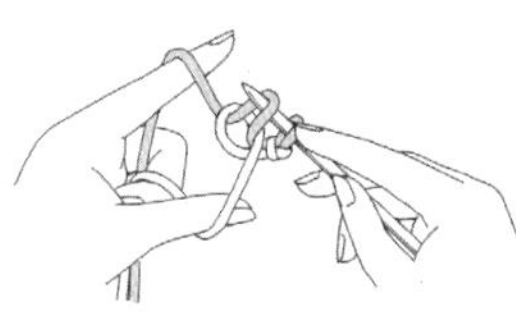

5 다시 엄지손가락에 실을 걸고 느슨하게 조인다.

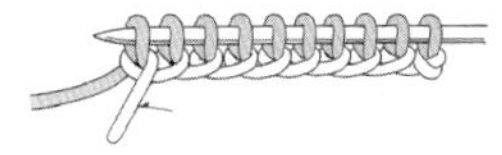

6 2~5를 반복하며 필요한 콧수를 만든다. 이것을 1번째 단으로 센다.

1

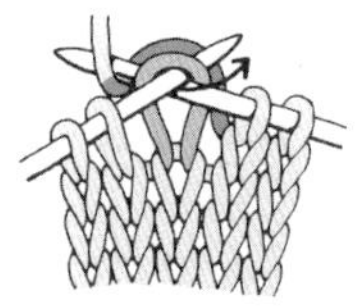

실을 뒤에 두고 화살표처럼 오른쪽 바늘을 코 앞쪽에서 뒤로 넣는다.

2

오른쪽 바늘에 실을 걸고 화살표처럼 앞으로 끌어낸다.

3

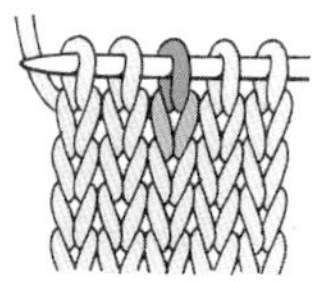

1단 밑(바늘에 걸려 있는 코 아래)에 뜨개코가 생겼다.

안뜨기	오른코겹쳐 2코 모아뜨기	왼코겹쳐 2코 모아뜨기	메리야스 잇기

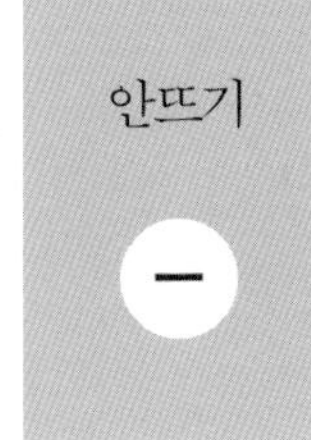

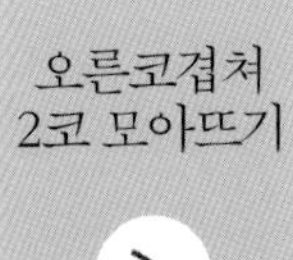

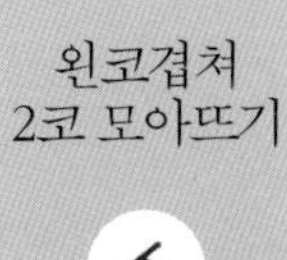

1

실을 앞에 두고 화살표 처럼 오른쪽 바늘을 뒤에서 앞으로 넣는다.

1

오른쪽 바늘을 앞에서 넣어 뜨지 말고 코를 옮기고 다음 코에 화살 표와 같이 바늘을 넣고 겉뜨기를 뜬다.

1

오른쪽 바늘을 앞쪽에서 2코에 한꺼번에 넣고 겉뜨기한다.

1

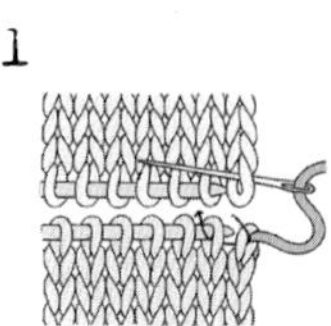

▽

2

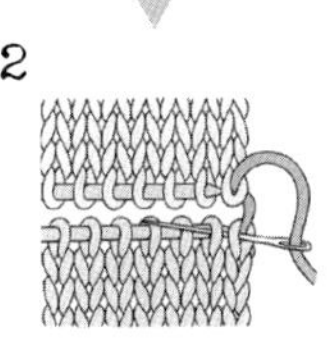

2

오른쪽 바늘에 실을 걸고 화살표처럼 뒤로 끌어낸다.

2

뜨지 않고 옮긴 코에 왼쪽 바늘을 넣고 1에서 뜬 겉뜨기에 덮어 씌운다.

2

1단 밑의 왼코가 오른코 위에 겹쳐진다.

3

편물을 맞대고 1~3과 같이 바늘을 움직여서 편물과 똑같은 코를 만들도록 코를 줍는다.

▽

3

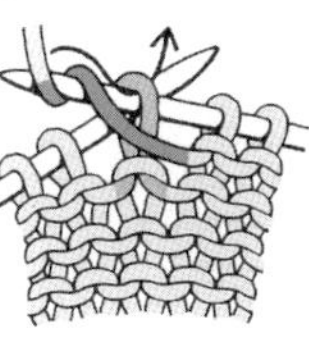

1단 밑(바늘에 걸려 있는 코 아래)에 뜨개코가 생겼다.

3

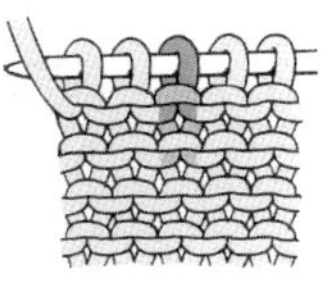

1단 밑의 왼코 위에 오른코가 겹쳐진다.

4

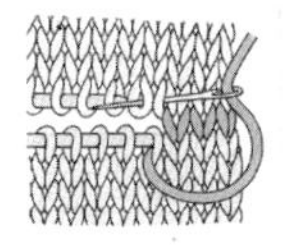

앞쪽과 뒤쪽의 코를 번갈아 줍고, 한 땀마다 실을 당겨 뜨개코와 같은 크기의 코를 만든다.

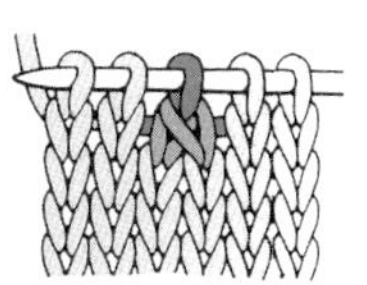

저는 어릴 때부터 장이 약했습니다. 그래서 외식을 하지 않고 늘 어머니가 직접 만들어주시는 음식을 먹으며 자랐습니다.

제가 살던 양조장의 일 년은 다달이 치러야 할 행사가 돌아오는 곳이었지요. 그 그리운 풍경 속에서 매일 반복되는 노동과 함께 저는 성인이 되었습니다.

결혼해서 이 나이가 될 때까지 한다의 친정집에서 생활하던 그대로, 마치 제 몸속에서 실을 뽑아내듯이 매일의 생활을 이어왔습니다.

옛날부터 "음식은 곧 생명이다"라고 배워왔기 때문에 특히 음식 마련에 온 힘을 다했어요.

손녀인 하나코가 태어난 이후로는 한 달에 두 번씩, 제철 식재료를 구입하여 제 스타일대로 만들어 보냈습니다. 정신을 차려보니 26년간, 한 달에 두 번씩 빠지지 않고 반복해왔네요.

이제 하나코가 30대, 그리고 40대가 되었을 때는 저를 통해 오랫동안 맛본 이 맛을 토대로 자기 아이들에게도 그리운 맛을 전해주겠지요. 제 어머니에게서 전해진 미각은 이렇게 저에게서 다시 손녀로 분명히 이어질 것입니다.

딸들이 사춘기였을 때, 남편은 매주 일요일이면 저와 아이들을 데리고 항구로 향했습니다. 10년의 세월과 연휴, 그리고 여름방학의 장기 크루즈여행까지, 단단한 가족의 유대감과 딸들에 대한 아빠의 사랑을 말 없이도 느낄 수 있었습니다.

저는 요 10년 동안, 매년 정월의 하코네에키덴(대학 대항 릴레이 마라톤)을 볼 때마다 어깨띠를 매고 달리는 선수의 모습에 저 자신을 투영하곤 합니다. 어머니에게 물려받은 이 어깨띠를 다음 세대에게 전달할 때까지 열심히 매일을 살아가야겠다고 다짐합니다.

히데코

이 책을 제작 중이던 6월 2일, 91세를 일기로 슈이치 할아버지가 작고하셨습니다.
낮잠을 주무시던 그대로의 편안한 임종이었습니다. 삼가 고인의 명복을 빕니다.

— 편집스태프 일동

밭일 1시간, 낮잠 2시간
느긋하게, 천천히, 조금씩! 통나무집 노부부의 즐거운 슬로라이프!

펴낸날 | 2017년 7월 17일 (1판 1쇄)
          2021년 10월 5일 (1판 5쇄)
지은이 | 츠바타 히데코, 츠바타 슈이치
옮긴이 | 김수정
펴낸곳 | 윌스타일
펴낸이 | 김화수
출판등록 | 제2019-000052호
전화 | 02-725-9597
팩스 | 02-725-0312
이메일 | willcompanybook@naver.com
ISBN | 979-11-85676-41-8   13590

* 윌스타일(WILLSTYLE)은 윌컴퍼니(WILLCOMPANY)의 취미·실용 전문 브랜드입니다.
* 잘못된 책은 구입하신 서점에서 바꿔드립니다.

이 도서의 국립중앙도서관 출판예정도서목록(CIP)은 서지정보유통지원시스템 홈페이지
(http://seoji.nl.go.kr)와 국가자료공동목록시스템(http://www.nl.go.kr/kolisnet)에서
이용하실 수 있습니다.(CIP제어번호: CIP2017015648)